GARDEN 花园MOOK

庭院设计号

[日] FG武藏 / 主编　花园实验室 / 译

长江出版传媒
湖北科学技术出版社

图书在版编目(CIP)数据

花园MOOK. 庭院设计号/ 日本FG 武蔵主编;花园实验室译.—武汉: 湖北科学技术出版社,2024.1
ISBN 978-7-5706-2633-5

Ⅰ. ①花… Ⅱ. ①日… ②花… Ⅲ. ①观赏园艺-日本-丛刊 Ⅳ. ① S68-55

中国国家版本馆CIP 数据核字(2023) 第118849 号

花园 MOOK · 庭院设计号
HUAYUAN MOOK · TINGYUAN SHEJI HAO

执行编辑 药草花园
翻译组 药草花园 园丁兔小迷
洪筱菡 武致远 裘寻
责任编辑 胡婷
责任校对 秦艺
封面设计 曾雅明
出版发行 湖北科学技术出版社
地址 武汉市雄楚大街268号
(湖北出版文化城B座13—14层)
邮编 430070
电话 027-87679468
印刷 湖北新华印务有限公司
邮编 430035
开本 889x1194 1/16 7印张
字数 150千字
版次 2024年1月第1版
2024年1月第1次印刷
定价 48.00元

(本书如有印装问题,可找本社市场部更换)

CONTENTS

目录

1 花园的重要元素！
重新确认园路的魅力
沿着小路前进走向我的花园

2 令人心动的小路，处处充满
让人流连忘返的设计细节

10 狭窄处也能一饱眼福！
夺人眼球园中的小路

18 由杂木和叶片担任主角
走在绿意葱茏、野趣横生的小路上

26 将小路装饰得美轮美奂的植物搭配技巧

30 浪漫的花园布置技巧

34 对园路进行翻新
推荐的建材目录

37 本期人气植物推荐

38 色调柔和的成熟风
组合盆栽

44 Before & After 庭院翻新特辑
让庭院焕然一新的
实用技巧

46 亲手制作的温室和小屋成为吸睛的关键

52 活用和风庭院要素打造梦中的月季花园

56 委托敬仰已久的园艺师改造成拥有可爱小屋的庭院

60 红砖铺设的花园小径是家的延伸
体验从零开始设计植栽的乐趣

64 对围栏进行局部改造
同样的月季就拥有了不同的表情

68 季节的植物指南
风格朴素的大波斯菊

74 有福创先生的造园精髓
悠闲的花园故事

75 木材做旧加工技巧大公开

76 花艺设计师井出绫的生活
与花草常伴

80 理想庭院的打造方法
和专家一起造园

81 亮色调构筑物将植物衬托得熠熠生辉

84 用色调素雅的外装，打造“轻熟风”花园

86 古朴的小屋衬托出月季的魅力

88 狂野纯粹的岩石花园

93 到植物编织的天堂去！
一场激动人心的花园之旅

99 我记忆中的花园
园艺师加地一雅先生

103 参观别致的花园

By tracing the path to my garden

花园的重要元素！重新确认园路的魅力

沿着小路前进 走向我的花园

仅需引出一条小路，就能极大提升花园的魅力。
既能为单调的空间增添纵深感，又能使大型植被间的距离张弛有度。
每次走在小路上，都会有种特别的期待感。
它会勾起你对前方事物的好奇心，
让花园景致展现得更加丰富多彩。
在这个特辑中，我们将通过一些实例，
来介绍提升园路魅力的技巧。

Wonderful

Plenty of ideas invite you to walk around

Style 1

令人心动的小路，处处充满让人流连忘返的设计细节

随处可见让人不知不觉就被吸引的美景

这次我们访问的是一座充满了许多动人心弦的“小细节”的实力派花园。植物配置方面自不必多说，花园设计上也创意十足，尤其在地砖的铺设上下了一番功夫。

将蜿蜒舒缓的花园小路用表情丰富的植被包裹起来

福岛县 小泉真由美

花园的最深处，坐落着一间被茂密的植被包围的小屋。白色的花朵之中，蔷薇‘紫玉’与‘格拉汉·托马斯’格外醒目。

“光影与花香的交响曲”，这是园主在修整花园时的理念。紧挨主屋的L形花园里，一条连接着花园入口和最深处小屋的舒缓而蜿蜒的小路贯穿其中，不管走到哪里，迎面而来的都是蓬勃生长的植被。

“这里原本都是草地，我和丈夫进行了改造。在改造过程中，我们对小路的形状设计比较讲究，总共花了三个月才设计完成。”为了让小路不被一眼望到头，园主将其设计成了蜿蜒的蛇形。他们先用一些砖块摆出小路的大致轮廓，再不断对其进行微调直到满意为止，最后才动手铺砌。小路沿途还设置了许多藤架、石制雕像、凉亭等视觉焦点。就这样一边为小路增添变化，一边思考与小路风格相搭配的颜色等设计方案，逐步完成了花园的整体框架。

而为花园增添“表情”的，是以白色等浅色为基调，辅以红色、黄色、蓝色为强调色的植被。在一大片轻盈的小花之间，时而栽种一些洋地黄、翠雀花等具有线形花穗的植物，表现出张弛有度的感觉；时而栽种一些彩叶植物以制造光影变化。这样一座具有立体感的花园，便依托这些细致的设计得以完成。

将花色、叶色与植物形态全部设计到位打造流线型的植被布置

①以从藤架上倾泻而下的月季‘保罗的喜马拉雅麝香’为背景，结合花穗较长的洋地黄与翠雀花，对纵向的线条进行强调。②出现在白色的蕾丝花与浅色天竺葵之间，花色较深的月季‘紫玉’更为显眼。同色系的石竹的深红色花朵增强了统一感。③铁艺拱门的脚下栽种了淡紫色的月季‘蓝色阴雨’。穗状的鼠尾草与黑龙麦冬将整体观感雅致地收束住。

从上方就能清楚地观察到小路蜿蜒的形状。图片左上方被月季层层覆盖住的部分是入口侧面的藤架。

Wonderful
Plenty of ideas
invite you to walk around
Style 1

利用拱门与树木制造出高低差展现立体感

在以碎石块铺就的区域中央放置了一座日晷作为花园装饰物。右侧栽种了蓝色系的云杉，深处放置了拱门。日晷周围利用茂密的植被进行装饰。

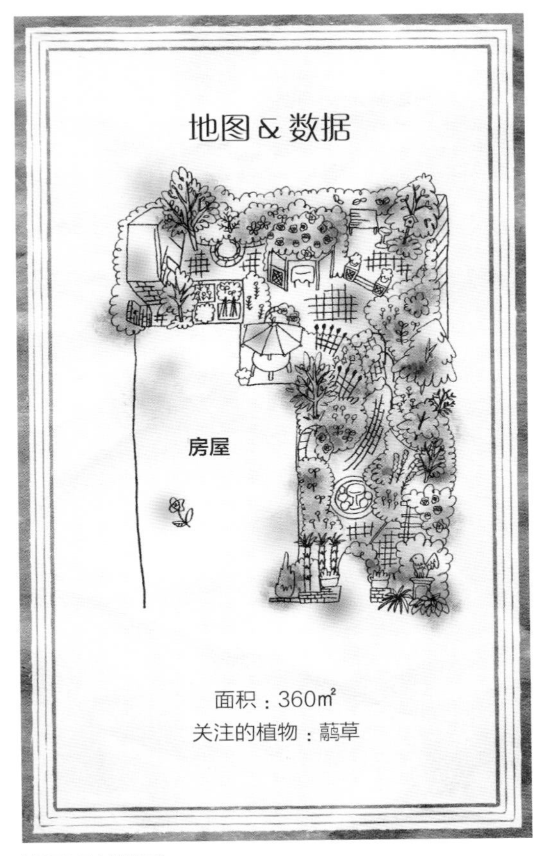

地图 & 数据
房屋
面积：360㎡
关注的植物：藨草

（插画 / 冈本美穗子）

让叶片的颜色与形状产生变化 使长长的小路张弛有度

④有着细长穗状花序的芒颖大麦草对生长在下方的植被起到了强调作用。随风摇曳的姿态充满山野气息带来动态的视觉效果。⑤云杉蓝色的细长叶片与玉簪镶有金色边缘的宽阔叶片交相辉映，形成美妙的对比。

在能够一览整个花园的位置 设置大型西式凉亭

在 L 形花园的转角处设置了一座西式凉亭。这里是能够在园艺工作的间隙一边休息，一边确认植被栽种的完美地点。

Essence of fun trail making enough walk

小路的设计精髓
一起关注园主的绝妙创意

1

2

花朵满溢的大型藤架

放置在花园入口侧方的藤架上攀爬着生长旺盛的‘保罗的喜马拉雅麝香’与‘鹅黄美人’等月季。漆成雅致的深棕色的藤架也衬托出了月季的色彩。

作为视觉焦点的小屋

作为视觉焦点的小屋设置在了花园深处。屋门购于园主在英国旅行时遇到的一家古董店，墙面所采用的石砖贴片等也是由园主自己设计完成后交由施工队制作的。爬上墙面的‘曼宁顿’蔷薇被作为了强调色。

3

4

作为点睛之笔的“石圈”

花园的入口处与小屋前都设置了以碎石铺就的区域——石圈。石圈运用了白色的石灰岩与茶色系的小石块进行铺设，为灰色的小路增添了变化感。

以开放式亭顶为特征的西式凉亭

凉亭整体由小泉进行设计，施工建造则交给了丈夫负责。为了能够从下方欣赏攀爬在亭顶上的蔷薇，凉亭的顶部并没有被封死，而是采用了开放式的设计。仿造窗户结构的彩色玻璃可以随意取下。

在树木旁设置藤架
作为月季的展示舞台

樱花树的一些枝干生长得太过巨大，且害虫留下的痕迹较为显眼，实在难以处理，只好全部剪去。藤架顶部攀爬着月季‘保罗的喜马拉雅麝香’。

Wonderful
Plenty of ideas
invite you to walk around

Style 1

把开爆了的月季花轻松连接起来

长野县 甘利幸治

大约12年前，园主委托了一家园艺公司对花园的一部分区域进行施工改造。在此过程中，她也被园艺的魅力深深吸引。花园设计师为花园增加了砖块与枕木制成的小路，还有拱门等，园主也由此意识到，这些结构是为花园增添纵深感时必不可少的。之后，她开始亲手对花园进行扩建，将其逐渐向自己理想中的模样改造。

花园中最具有存在感的大型“隧道”，以及装有窗户的装饰墙，都是园主运用自己所得意的DIY技巧一点一点打造出来的。她还陆续制作了藤架和栅栏等能让蔷薇蜿蜒其上的舞台，在花园各处打造夺人眼球的经典场景。一条宽敞的小路铺设在花园中，将所有精致的景色连接在一起。漫步在小路上会让人产生仿佛置身于画中的世界一般的感受。小路运用了砖块、木片、不规则的石块、枕木等多种多样的铺路材料，巧妙地展现出了各种风格，是一处将园主独特的审美品位从整体到细节运用到极致的空间。

用植被遮掩道路的转角处
造就自然风格的景色

①黑叶草、天竺葵和飞燕草等较为纤细的开花植物在这里茂盛生长，惹人喜爱。②“隧道”前方是一条使用木片铺设的道路。路旁种植了‘艾玛·汉密尔顿夫人’‘曼斯特德·伍德’等深色月季作为视觉重点，使风景产生变化。

树木与花朵交相辉映
热情地迎接来访者

③掩映在一片盛开的月季‘龙沙宝石’中的动物塑像，使人眼前一亮。④位于主花园入口处的角落，路面的铺设和植被的栽种都委托了专业人士操作。作为象征性树木的日本四照花投下一片优美的绿荫，一旁墙面上的月季‘安吉拉’与月季‘亚伯拉罕·达比’争奇斗艳。

设置在小路尽头的凉亭
令花园整体印象深刻

花园深处设置了一个仿造小屋构造的凉亭。凉亭内设计了一面仿真的装饰墙，并在上方牵引了月季‘保罗的喜马拉雅麝香’。可爱的月季与别致的构造物相辅相成，形成一处优美的视觉焦点。

地图 & 数据

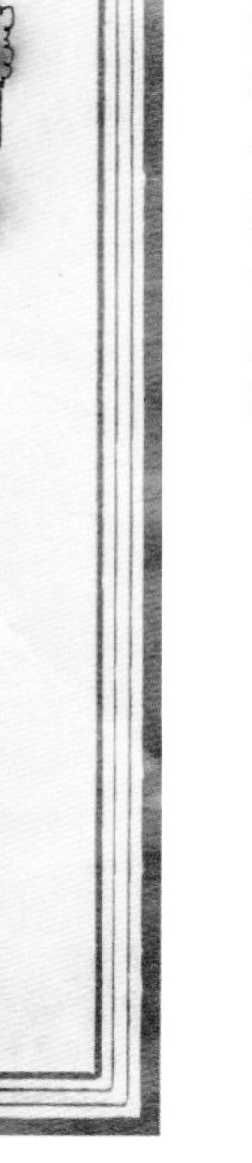

面积：140㎡
关注的植物：蔬菜、果树

随处可见的大型构造物为花园增添了立体感。大量的月季竞相绽放，形成一片被花朵包围的空间。花色方面则挑选了以白色和粉色为主色调的品种，反映出了园主的喜好。

Essence of fun trail making enough walk

小路的设计精髓
一起关注园主的绝妙创意

1

华丽的装饰小屋 为整体空间制造开阔感

设置在园路尽头的装饰墙意在遮挡来自邻居家的视线，并安装有门、窗等结构，打造成小屋的形态，别致新颖。通过使人联想到对侧的样子来产生一种纵深感。

2

被月季包围的“隧道”

长约4m 的“隧道”整体采用蓝灰色的涂料进行涂刷，十分雅致。这样一条由月季包围的小路，烘托了浪漫的氛围。

3

入口处的小门展现出仪式感

通向花园的入口处安装了一扇用木板组装而成的小门，提高了期待感。门旁用砖块堆砌的矮墙有意缺损了一部分，设计别致。

4

在各个角落采用多样的铺路方式

通过改变建材来打造出一条相貌多样的小路。左上角嵌入的是一块曾被用于建设奥运村的奥运会纪念砖，右上角的花砖则被作为亮点。

Ideas make differences along a path in small garden

‖ Style 2 ‖

狭窄处也能一饱眼福!

夺人眼球的园中的小路

即使在宽度有限的土地上
也能打造出一条富有魅力的小路。
这次，我们将会关注两座在体现纵深感上费了心思的花园。
你将会收获许多在任何面积的
花园中都能进行实践的好点子。

被色彩温和的植被装点的砖块小路。放置在花园深处的小型桌椅起着吸引视线的作用

利用统一的色调与具有立体感的栽种方式 使纵深2m的角落产生开阔感

以紫色、粉色和白色为主的植被营造出温和的气氛。腹水草和洋地黄等株型较高的开花植物交织在一起，显得高低有致。

将独具魅力的展示场分散各处 巧妙地让视线“绕个远路”

滋贺县 竹岛雅子

竹岛家的主花园是一块约60㎡的L形土地。中央用砖块铺设了一条细细的小路，周围巧妙地装点着各种植被。

为这座花园带来纵深感的关键人物，是擅长DIY的男主人。设置在L形拐角处的拱门、用砖块堆砌的模仿壁炉样式的装饰物，以及凉亭等构造物，都是男主人亲手制作的。“DIY的好处在于，你可以对构造物的尺寸进行调整，使它们适合狭窄的花园。”雅子说。走在小路上，视线会被一个接一个的构造物所吸引，令人产生一种比土地的实际尺寸更宽敞的开阔感。

小路靠近主屋一侧的墙面被用来牵引华丽的月季。另一侧则是一片由紫斑风铃草和紫柳穿鱼等紫色、粉色、白色系开花植物组成的惹人喜爱的花境。为了防止西晒，花园四周被树木、灌木篱笆和牵引着月季的藤架围了起来。一座麻雀虽小，五脏俱全的花园就这样完成了。

Small garden
Sense up
ideas

放置在小路两侧精致的装饰物 加强了纵深感

❶由中央的小路衍生出的岔路，尽头摆放着男主人制作的装饰物。据说这是模仿他所心仪的朋友家的砖砌暖炉风格装饰品的样子改造而成的。“为了符合花园的环境，我把它做得小了一点，还能当作花台用，挺方便的。”❷小路与侧方的背阴角落被飞石连接起来，并放置了白色的装饰物以表现出明亮感。❸椅面宽度较窄的凉亭也是手工制作的。顶部牵引了月季‘弗朗索瓦’，引人瞩目。

把墙面作为月季的展示场所
高效利用有限的空间

❹作为同色系组合的月季‘蓝色漫步者’与铁线莲‘紫罗兰之星’。‘蓝色漫步者’的小花格外可爱。❺运用深紫色的铁线莲‘中提琴’为淡粉色的月季‘安吉拉’与‘龙沙宝石’增加阴影。

树荫下也种满植被
让眼睛感到放松

喜阴的落新妇和南美天芥菜与大小各异的观叶植物混栽在一起，使容易被遗忘的树木根部周围也满是植被。

种植在角落的岑叶槭‘火烈鸟’与大花四照花等植物遮挡了来自邻家的视线，也充当了鲜花盛开的花园的背景。

Small garden Sense up ideas

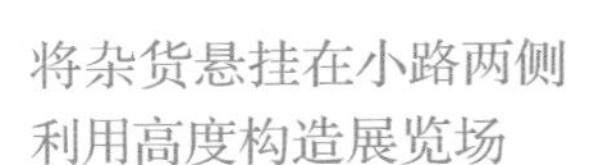

将杂货悬挂在小路两侧
利用高度构造展览场

❻由男主人制作，缠绕着铁线莲的方尖碑上，吊着一只铁艺鸟笼。随风摇荡的样子引人瞩目。❼悬挂在拱门上的彩色玻璃烛台是园主朋友手工制作的，搭配上淡紫色的铁线莲‘玉髓’，形成一种凉爽的观感。

在拐角处放置一座拱门
打造一幅期待感满满的画面

通向主花园的小路转角处，放置了一座蓝灰色的拱门。拱门周围缠绕着散发出甜蜜香气的金银花。这是引诱来客继续前进的绝妙组合。

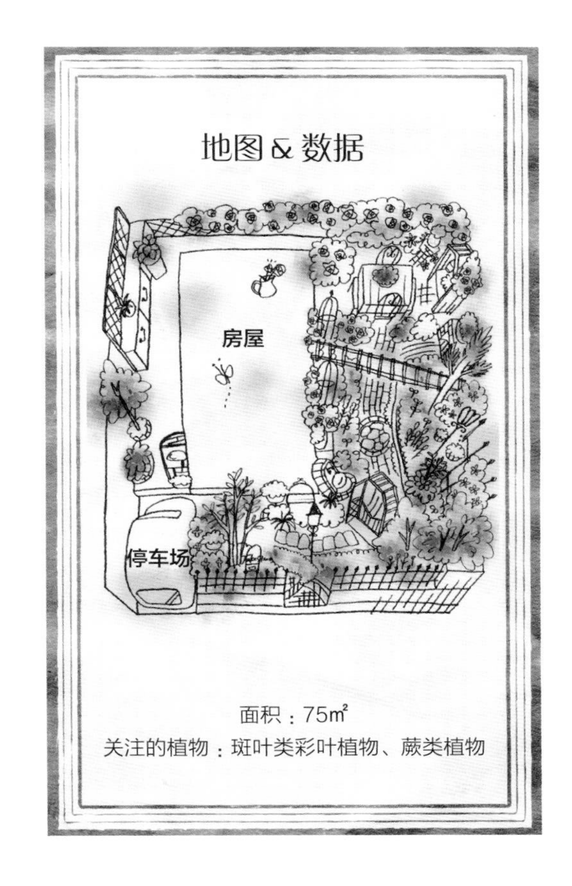

地图 & 数据
房屋
停车场
面积：75㎡
关注的植物：斑叶类彩叶植物、蕨类植物

Ideas make differences along a path in small garden

Style 2

巧妙的设计细节
使短短的小路更具观感

❽ 通向花园的小路地面铺设着有典雅花纹的砖块，增添了特别感。❾ 这个角落是主屋的背阴处，因此植被以喜阴的观叶植物为主。男主人亲手制作的微型长椅隐藏在植被的间隙之中，为整体效果增添变化感。

Ideas make differences along a path in small garden

Style 2

将浪漫的植物聚集在一起 构成14m²的极小空间

琦玉县 悠绵

通过张弛有度的配色手法用月季将入口处装饰得华丽动人

❶靠近马路一侧的藤架上爬有深粉色月季‘安吉拉’与白色月季‘雪雁’。这两个品种的开花能力都相当强，非常适合用来装点藤架。❷藤架的侧面爬有月季‘菲利斯彼得’‘龙沙宝石’‘国王玫瑰’，以及深紫色的铁线莲‘华沙尼刻’，相互形成的对比引人瞩目。

这个花园的主园区中用满满当当的月季迎接着来客，但它的布局却稍显奇怪。这是一处位于主屋背面，被自家和邻居家夹在中间的宽2m、纵深7m的狭长空间。凭借丰富多样的设计思路，这处难以利用的空间得以展现出别致的观感。

花园的修整工作是从在地面中间画出一条曲折蜿蜒的小路开始的。花园的入口处放置了一个契合空间宽度手工制作的藤架。藤架上牵引了20种月季，通过惊人的花朵数量牢牢地抓住来访者的心。进入花园之后，出现在眼前的便是闲静的遮阳角。脚边覆盖着多彩的观叶植物，一旁茁壮成长的绣球高低错落，让人在一片宁静祥和之中又能感受到舒张有致的氛围。花园尽头设置了手工制作的蓝色栅栏墙。墙面上安装了一块镜子和若干搁板。这块区域能够用来展示杂货，是一处对外观讲究到了极致、用于展示自己喜欢的东西的场所。

越向花园深处前进，就越能发现更多让风景产生变化的搭配组合，单调狭小的空间也因此变得魅力十足。

Small garden Sense up ideas

为了每年都能欣赏到不同的景色，大多数月季都采用盆栽的种植方式

❸❹牵引在藤架上的月季，大部分都是用花盆进行栽培的。花盆依次排列于设置在藤架内侧狭长的搁板上，再将盆中的月季牵引至藤架上。“这种做法能在土地面积有限的情况下培育出尽可能多的品种，而且还有助于随时更换品种，每年更换牵引到藤架的月季对我来说都是一大乐事。”

奢华的月季将从中穿过的人们的视线牢牢吸引住。虽然小路仅有50cm宽，但从花丛中穿过依然让人兴奋不已。

Ideas make differences along a path in small garden

‖ Style2 ‖

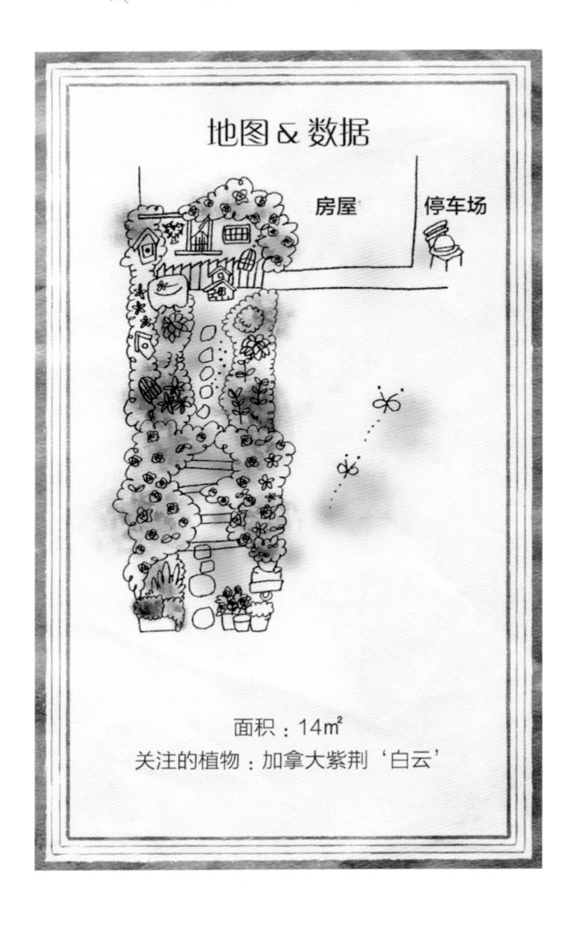

地图 & 数据
房屋
停车场
面积：14m²
关注的植物：加拿大紫荆‘白云’

将看点设置在深处
强调出距离感的空间运用方式

这是穿过藤架后看到的景色。深处的白色月季是牵引到主屋墙面上的‘藤冰山’。这里通过吸引来者看向墙面上方的植被，让人产生纵深感。

用蜿蜒的园中小路
为小小的花园带来开阔感

碎石铺设而成的小路上，还另外放置了一些石板来指引方向。整条小路被设计成缓缓向前的蛇形，使人感觉路线更长。

花园中央部分的植被以喜阴的香根草和圣诞玫瑰为主。植物的间隙中放置了鸟笼之类的杂货对视觉效果进行控制，避免给人以植被过于茂密的印象。

色彩鲜明的蓝色栅栏墙
成为青翠植被的强调色

❺日照条件极差的空间被活用为杂货的展示场。利用高处的花架和缠绕在日本紫茎枝干上的雪纺绸布来展现出立体感。❻花园深处设计了一面手工制作的栅栏墙。墙上安装了置物架和藤架，以缓解被植物簇拥的拥挤感，让空间更加清爽。

Small garden Sense up ideas

将小路尽头
设计成小房间似的布局

❼安装在栅栏墙上的镜子映出绿色的植被，给人一种花园还在继续向深处延伸的感觉。❽为了让来客产生身处童话世界中的感觉而手工制作的迷你小屋升华了整体的氛围。攀缘而上的异叶蛇葡萄让人对眼前的场景印象更为深刻。❾小桌上铺着一块月季花纹的布料。鲜艳的色彩作为强调点恰到好处。混栽在茶杯中的多肉植物和仿制的鲜花形甜点，展现出一幅闲适的生活场景。

以曾被用于制作窑炉的砖块铺设的小路，与以自然生长的树木为支柱的藤架相互呼应，构成了一幅充满怀旧氛围的场景。藤架上牵引了‘索伯依’等蔷薇。

Stepping into overflowing forest and rustic greens

Style 3

由杂木和叶片担任主角

走在绿意葱茏、野趣横生的小路上

这次，我们将介绍一条枝繁叶茂、清新怡人的小路。
精妙地操纵着自由而繁茂生长的植物，绘制出一片充满自然气息的景色。

右侧的大树，是一棵有着较长树龄，被视为这一家的象征之树的日本辛夷。“这棵树很早就在院子里了。枝叶繁茂的外观给了我们一种安定感。”

用舒缓有致的叶片装点脚下

❶日本辛夷的树荫下被花叶羊角芹装饰得十分明朗，搭配有着大片锯齿形叶片的荚果蕨，展现出野趣横生的动态效果。❷在以观叶植物为主体的植被之间栽种一些色彩鲜明的开花植物作为点睛之笔。这里混栽了一些淡紫色的福禄考，营造出惹人喜爱的整体效果。

Garden, such as in the forest

被石板路环绕 仿佛置身于森林之中的花园

山梨县 矢崎恵子

这是玄关前的植被。垂丝卫矛和金缕梅等枝干较纤细的植物栽种在这里，作为具有凉爽的通透感的视线遮挡。它们和一旁的建筑物有着极为协调的观感。

“拥有鲜明整洁的外观，又充满着纯净的精气，这就是山野草的魅力所在。”矢崎说道。趁着宅子翻新的机会，他决心修建一座种满最喜欢的山野草和月季的花园，并委托专业人士负责植物的栽种和水池等基础架构的施工。而后他便自己动手，增设了小路并栽种了更多的植被，绘制出整座花园的景色。

在用于铺设小路的建筑材料上，矢崎对契合杂木与山野草风格的素材进行了严格的筛选。除了花园中原本就有的石块之外，还用上了从湖边采集的石材，以及用于制作窑炉的砖块等，铺设出这条能够闲庭信步欣赏美景的小路。日本辛夷、枹栎、大柄冬青、水甘草、白根葵……走在这样一条四季被山野草与宿根草包围的小路上，会产生一种仿佛置身山野的感觉。不过，要想保持住这般舒适的景致，需要对植被的密度进行调控，使其不会过于茂密。从这片由山野草之间精妙的平衡感交织出的景色中，园主娴熟的园艺技巧自然可见一斑。

Accent plants

矢崎的装饰用植物

运用外观柔和的花朵作为鲜明而优雅的装饰

皱叶老鹳草'克拉里奇德·鲁斯'

福禄考

阔叶美吐根

山绣球'浪花'

月季'拜耳·伊西斯'

为了防止野趣横生的花园失去韵味，矢崎控制了外观华丽的开花植物的数量，加入了许多惹人喜爱的淡色小花。月季方面，外观柔和的品种可以在不破坏气氛的同时与环境相互协调。

褪色的小屋与植被相互协调形成似曾相识的景色

设置于内庭的花园小屋上牵引了不同品种的月季，形成一处视觉焦点。采用色泽明亮的石材铺设的小路对别具韵味的小屋起到了衬托作用。

活用本地产石材作为铺路材料形成更具自然气息的风景

得知本地石材与花园风格更匹配后矢崎便亲自去采购了。覆盖小路的草与石材之间显得自然而融洽，打造出一片野趣横生的场景。

运用韵味十足的建材
搭建出的构造物
展现出别样的风味

③藤架是由一位艺术家用在湖边拾取的倒木与漂浮的木材制作而成的。活用面貌鲜明多样的素材制作的这件物品本身也近乎一件艺术品。④由边角料木材堆砌而成的户外水栓，还用上了随着年份增加而更具风味的丹波石。

Stepping into overflowing frest and rustic greens

‖ Style3 ‖

地图 & 数据

面积：165㎡
关注的植物：山绣球、老鹳草、月季

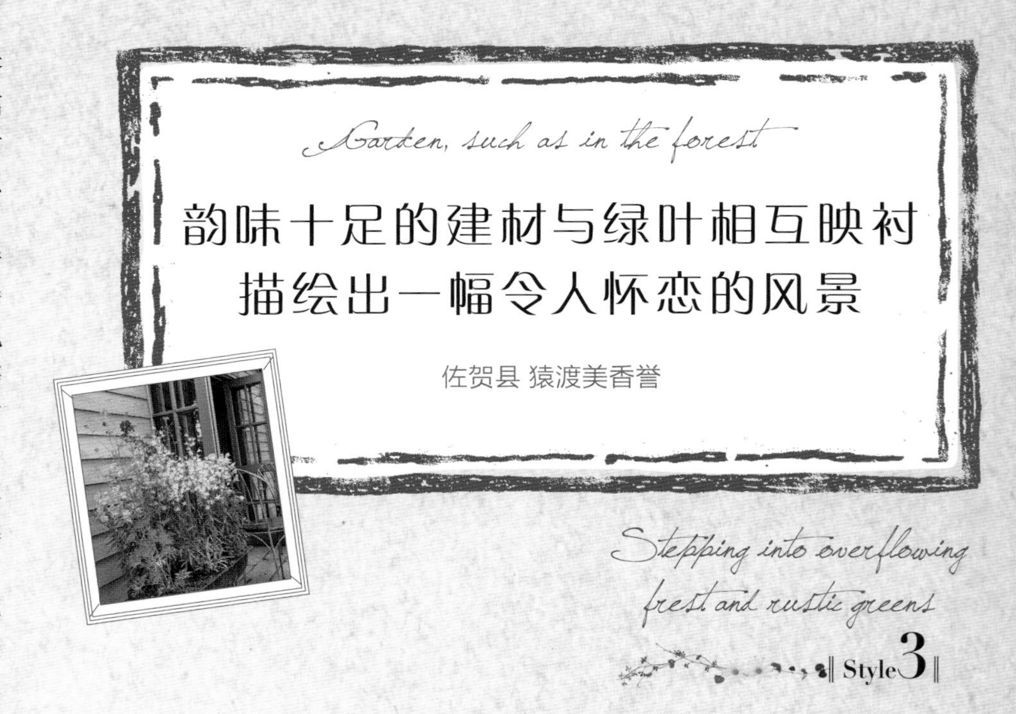

Garden, such as in the forest

韵味十足的建材与绿叶相互映衬 描绘出一幅令人怀恋的风景

佐贺县 猿渡美香誉

Stepping into overflowing frest and rustic greens

Style3

杂木与月季的绝妙搭配在这个花园中展现得淋漓尽致。园主怀着希望能随时享受到一年四季的风景的想法，建造了这座花园。

他在花园中栽种了能传达出季节感的红山紫茎与绣球等。同时也尝试了其他观花植物，但由于日照条件等原因，培育情况与预想仍有差距。经过反复尝试之后，他最终决定向专业人士寻求帮助，并建造了一座维护起来较为轻松的杂木花园。

增加了新的杂木与开花灌木的花园中，还设计了一条便于游览的小路。花园里别具风味的小屋、照明灯具和户外水栓，创造出一处仿佛置身家中也能感受自然之美的空间。

此后，花园的日照条件由于邻居家大树被砍伐而得到了改善，变得能够栽种观花植物。“虽然这样一来需要自己动手进行维护修整，但每天走进花园时都让我十分期待。只是走在小路上就能让我心情愉快。”

将与纤细的枝干十分搭配的大门设置在花园入口处

主屋侧面的狭窄通道处设置了一扇古董风格的大门。虽然大门总是保持敞开的状态，但依然是烘托入口处气氛的重要道具。

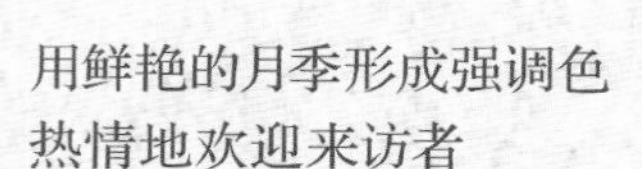

用鲜艳的月季形成强调色 热情地欢迎来访者

停车场上方的门廊上攀爬着藤本月季‘安吉拉’。大量开放的深粉色小花将入口处装点得十分艳丽。

坐落在狭窄的小路尽头的花园小屋，是这座花园的焦点。小屋整体被漆成与主屋外墙相同的淡蓝色，对整体的风景起到了收束的作用。

装点着开花植物自然气息浓厚的可爱小路

朴素而蜿蜒的砂石小路与一旁植物之间的分界线被设计得极为暧昧。蕾丝花与飞蓬等植物在这里竞相开放，形成浓厚的山野氛围。

Stepping into overflowing forest and rustic greens

‖ Style3 ‖

❶

2

3

韵味十足的道具描绘出充满怀旧氛围的场景

❶花园小屋上方设置了一盏将花园柔和点亮的灯具。旧电线杆似的原木柱上安装着造型复古的电灯。这样的设计仿佛能唤起人们记忆中过去的景色。❷供水管道被木板围住并安装了一个朴素的水龙头的户外水栓，静悄悄地立在杂木脚下，演绎着一片乡间气息。周围的地面上长满了千叶兰。❸地板的建材为砖块和枕木。缝隙间生长着叶片小而圆的马蹄金，形成具有自然风格的风景。

过去日照条件较差的花园小屋门前，有着用砖块铺设出的一片门廊风格的区域。这里十分适合眺望整个庭院。

Accent plants

园主使用的装饰植物

为繁茂的杂木花园增添一抹艳丽

以杂木所显现出的丰盈的绿色为背景，再适当点缀一些色彩浓艳的花朵，使整个花园的视觉效果舒缓有致。园中还栽种了许多株型较大的花花草草，将树木与脚下繁茂的绿色巧妙地连接在一起。

这是站在起居室前宽敞的木质露台上看到的画面。一边俯视整个花园的美景，一边烧烤或赏月，惬意的氛围深受朋友喜爱。

Planting ideas

将小路装饰得美轮美奂的
植物搭配技巧

想要打造一条魅力十足的小路，
自然要在栽种在小路两旁的植物上下功夫。
接下来我们将会把范例花园中具有代表性的
植物搭配方案分为两个主题进行介绍。

开满花朵的小路

用淡粉色的小花 将气氛渲染得格外浪漫

淡粉色的高雪轮与飘摇的黑种草共同组成了这幅惹人喜爱的画面。紫花柳穿鱼细长的花穗为整体视觉效果带来变化。

用深色系收拢整体氛围 营造出典雅的成熟气质

黑色的矮牵牛、暗红色的暗紫珍珠菜、深紫色的法国薰衣草和紫色叶片的肾形草等具有宁静韵味的植物混栽在一起，营造出一片典雅而高贵的植被图景。

鲜艳的红色 使花园小路令人印象深刻

这是一条嵌满亮红色石竹的华丽小路。玉簪与荚果蕨的绿色叶片，再加上白晶菊与高雪轮等植物的浅色小花柔化了红色强烈的视觉刺激，中和了整体的视觉效果。

白色与蓝色的花朵 随风摇曳的样子 让人感到一丝清凉

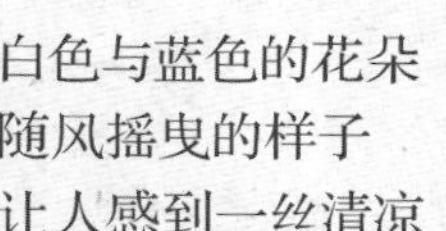

将黑种草、天竺葵与翠雀花以清爽的色调进行组合。茎干纤细的开花植物聚集在一起，让走在小路上的人能够欣赏到它们随风摇曳的身姿。

用淡粉色系的小花装点脚下 展现出一条惹人喜爱的小路

以银叶菊与毛地黄、钓钟柳‘胡思克红’等叶片颜色靓丽的植物为背景，配上雪朵花、淡蓝色的半边莲与淡黄色的矮牵牛覆盖小路的两侧，惹人喜爱。

高效运用对比色 打造丰富多样的景色

在以蕾丝花、矮滨菊和洋甘菊等植物的白色花朵为主角的间隙中，粉紫色的一串红与除虫菊交织在一起，构造出对比鲜明的景致。

用注重高低差的栽种方式 创造魅力十足的角落

荆芥的紫色花朵将花园小路的一侧装点得生机盎然。后半段的小路边则栽种了翠雀花和常绿大戟，运用颇具立体感的栽种手法让花境整体更有层次感。

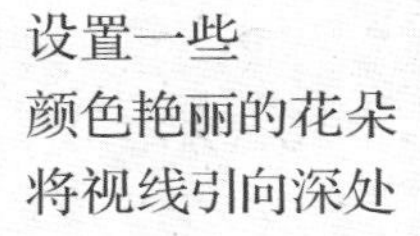

设置一些 颜色艳丽的花朵 将视线引向深处

从淡粉色的月季到深粉色的耧斗花，再到深处深粉色的月季，一朵又一朵色彩浓郁的花朵将人们的视线逐渐引向深处。栽种在脚边茂密的天竺葵等植物给人以柔和的印象。

宁静祥和的观叶植物小路

以叶片与杂货相结合的方式 组成使人对叶色印象更为深刻的画面

通过红色的喷壶与红星朱蕉形成呼应，创造出令人印象深刻的角落。日本蹄盖蕨与花叶地锦柔软的枝叶垂向地面，营造出柔和的氛围。

负责衔接高低处的个性派观叶植物组合

紫薇树的根部周围栽种了叶色典雅的肾形草、金边玉簪和阔叶山麦冬等植物。这些植物个性十足的叶片完美地将高处的植物与低处活血丹、景天属植物娇小的叶片衔接起来。

将花园小路柔软地覆盖住 形成自然气息浓厚的一景

园中小路的转角处种植了一棵古铜枫。树根附近被箱根草、玉簪与掌叶铁线蕨轻柔地覆盖住，形成了温柔而给人以安心感的一角。绣球被作为了一个视觉焦点。

运用斑叶与白色小花 为可爱的装饰手法加分

像是要填补玉簪黄绿色叶片之间的空隙一般，茂密生长的斑叶羊角芹，加上六月菊小小的白花，共同为砖块铺成的小路带来明亮的观感。

运用典雅的紫色作为强调色为植被增添纵深感

在表现出宁静的收束感的玉簪等植被中，利用酢浆草的紫色叶片为其打上阴影。小路后半段则通过种植铜色叶片的钓钟柳和紫色花穗的一串红对配色进行统一。

用铜色叶片收紧体积较大的观叶植物较松散的观感

花叶羊角芹、黄绿色叶片的肾形草与铜色叶片的橐吾搭配组合，创造出清爽的观感。蓝色的绣球则强化了整体的收束效果。

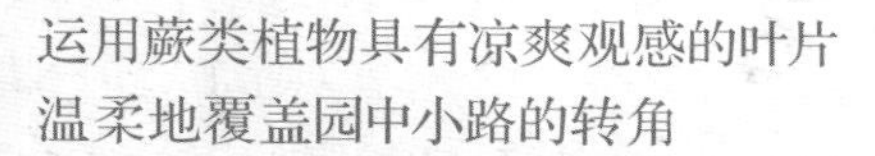

运用蕨类植物具有凉爽观感的叶片温柔地覆盖园中小路的转角

仿佛想要把园中小路覆盖住一般伸展着叶片的铁线蕨、蹄盖蕨和花叶水芹，共同构成一幅凉爽的画面。

运用存在感鲜明的观叶植物创造具有韵律的角落

砂石小路的深处栽种了装饰品般的花叶水芹作为视觉焦点。花叶加拿利常春藤与大吴风草，以及黄色叶片的肾形草共同为小路带来明亮感，形成了繁茂而又统一的观感。

被灌木与观叶植物包围分量感十足的枕木小路

小路两侧栽种着黄栌、彩叶杞柳和紫叶风箱果等植物，其下方用大戟属植物与玉簪花进行遮盖，营造出一条清爽的园中小路。

Garden building to micelles in alley

浪漫的花园布置技巧

挑选植物品种，搭配园艺杂货是布置花园时的重要工作。然而，还有一位能够将花园整体效果进一步美化的幕后功臣，那就是“小路”。接下来我们将带领你穿过美丽的“精灵花园”，并介绍一些铺设小路和装扮花园的技巧。

在花园中央的枕木园路两旁，温和地装点着轻柔开放的蕾丝花，营造出一种仿佛散步于高原花田之中的氛围。

将中意的植物衬托出来的花园布置技巧

这里是在充满自然气息的植被栽种手法方面广受好评的“精灵花园”的样板花园。园主从21年前开始，十年如一日的为建造这座花园而辛勤地工作着。这座花园不仅是植物栽培试验的场地，也是一处传授花园展示技巧的空间。

为了建造一座美丽的花园，了解植物的特性与喜好的环境极为重要。因此，园主将花园划分为三个区域：日照条件极好且花开遍野的区域、宁静祥和的背阴区域、日照条件适宜与欠佳混合的区域，分别在其中栽种了适宜的植物品种。通过将三个区域的不同魅力鲜明地区分并表现出来，打造出了这座极具自然观感的花园。

贯穿于园中，极富韵味的小路将这三块区域自然地分割开来，使花园整体井然有序。挑选与每个区域风格相适应的建材，运用独特的铺设方式——“我一直在努力打造一条能够触动人们心灵的小路。”园主说道。

为了在满怀期待地游览的同时，也能探访到花园的各个角落，园主铺设了一条宽阔的主路，并从中分出许多较窄的岔路。从花园中央穿过的以枕木铺设的小路是以“花田中的木道”为印象铺设而成的，展现出一派独具自然气息的风景。

Gimmick Technique 1

用于铺设小路的建材应与周围的环境相契合

小路是决定花园印象的关键要素。为了不破坏植被营造出的氛围，应当仔细而充分地挑选建材。若希望契合自然风格的景致，需要选用天然壁石或砂岩石板、复古砖块这类具有沉静温和的氛围的建材，一边营造具有变化的风景，一边为花园塑造一体感。

花园地图

棚架

凉亭

商店

凹凸不平的小路散发出田园风格

采用形状不规则的天然壁石以泥土固定的方式进行铺设。铺设时在路面的宽度上设置了一些变化，形成了这样一条风格朴素的小路。

蜿蜒的小路能够增强整体空间的宽敞感

沿着花坛，用质感鲜明的砂岩石板铺设园路，使其与花坛中盛开的牛舌草属、庭菖蒲属植物协调地搭配在一起。

将不同的建材自然地融合在一起

❶ 天然壁石铺设的园路中设置了一个石圈，并在上面放置了一把铁花靠椅作为花台，营造出典雅的视觉焦点。 ❷ 铺设于背阴区的小路，通过枕木与砖块的组合，营造出别致朴素的风格。 ❸ 小路交错的位置，砂岩石板、复古砖块与枕木这三种不同的建材被巧妙地融合在一起。

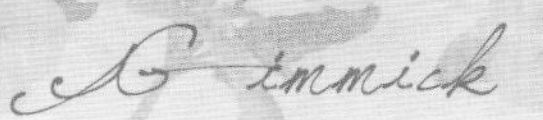

Technique 2

巧妙设置吸引眼球的物件

在花园中营造浪漫气氛的有效方法，是设置作为视觉焦点的点状景物。将其隐匿在植被之间，就能与周围环境融为一体，极大地强化整体氛围。如果素材之间风格相近，那么即使放置了大量的道具，也不会使整体效果显得杂乱。

利用构造物对配色进行立体的调控

❶ 由天然壁石铺设的小路的转角处设置了一道拱门。拱门上攀爬着粉色的藤本月季‘科尼莉亚’，柔和地遮掩着深处的景色。

❷ 园路一侧的花坛中立起了一扇铁艺栅栏门，并在其上牵引了铁线莲，为景观增添了立体感。

在广阔的植被中设置视觉焦点

在线条纤细的落新妇与腹水草等植物的花丛中隐藏一些陶制锥形筒或铁艺方尖碑，形成视觉焦点。

Mini idea

在细节之处下功夫 彰显出园中小路的魅力

造型优美的铁艺栅栏上攀爬着月季的藤蔓，优雅的线条与花朵之间相互协调。

铁质的支撑物在花丛中隐蔽地对柔软的植物进行看护。采用不起眼的设计是关键。

清爽地对自由奔放的植物进行限制

为了展现出浪漫的气氛，探出小路的花枝会使整体效果得到美化。不过，过于奔放的植物会对步行造成干扰。这时候就需要利用上一些好看的物件对植物进行“限制”，维护视觉效果的清爽。

挑选相似的道具，为环境增添视觉反馈

❸ 开放着小花的园路一侧摆放着一个可爱的少女塑像，营造出一幅具有故事性的画面。

❹ 深粉色月季‘亨利·马丁’的花丛中装饰着一座日晷。两者形成的对比使整个场景印象鲜明。

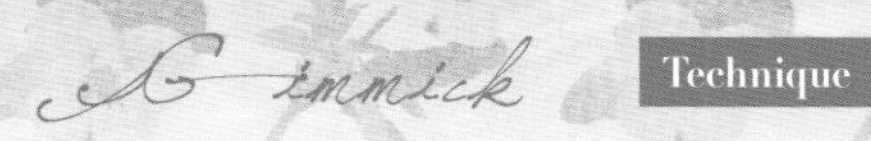

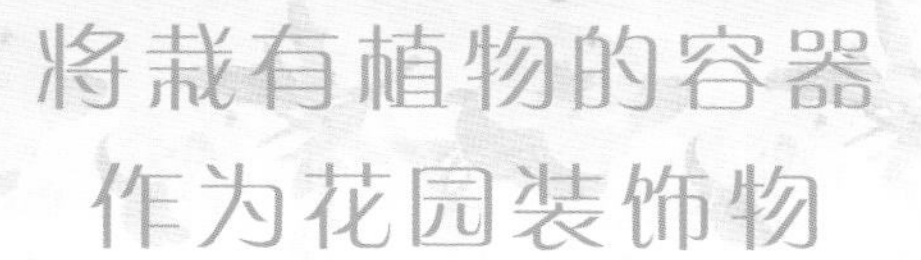

将栽有植物的容器作为花园装饰物

放置在石柱或椅子上存在于花园各处的花器，与塑像等装饰品的作用相同，都在为视觉效果增添着变化。花器的颜色和质感应当与铺设小路所用的建材相近。可随着季节的变化更换种植在其中的植物。

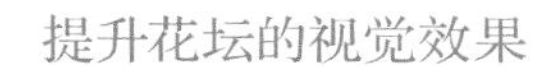

提升花坛的视觉效果

种有绣球的装饰性容器展现出了植被的茂密。具有细微差别的花色将观感收束得十分典雅。

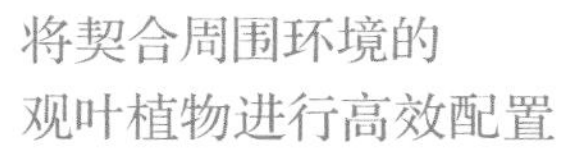

将契合周围环境的观叶植物进行高效配置

❶ 将高脚杯形花器放置在小路一侧，形成转角处的视觉焦点。垫在下方的基座进一步提升了高度，也强化了存在感。

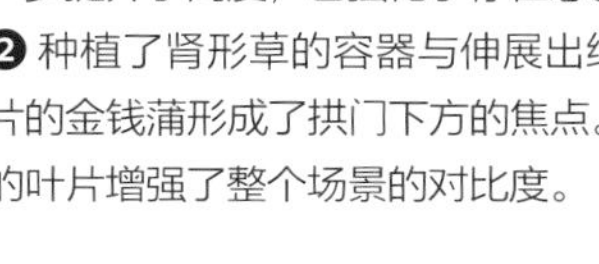

❷ 种植了肾形草的容器与伸展出细长叶片的金钱蒲形成了拱门下方的焦点。紫色的叶片增强了整个场景的对比度。

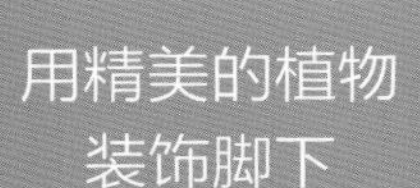

Mini idea 用精美的植物装饰脚下

在不影响步行的情况下用植物覆盖小路的边缘，可以让整体的视觉效果变得自然许多。选用比较壮实的植物这一点很重要。接下来会介绍一些装饰着精灵花园的园中小路的独具魅力的植物。

花叶络石 夹竹桃科

常绿攀缘灌木，新叶呈白色或粉色，藤蔓生长力强。耐热性与耐寒性较强。

夏枯草 唇形科

株高10~30cm。春季长出3~5cm长的花穗，能够开出紫色与粉色的花朵。植株较为茂密，生性强健，易于培养。

长柱花 茜草科

一种株高20cm左右，会在春夏季开出手鞠形花朵的宿根草。叶片与茎干给人以柔软的印象。生性强健，易于培养，非常适合用作地被植物。

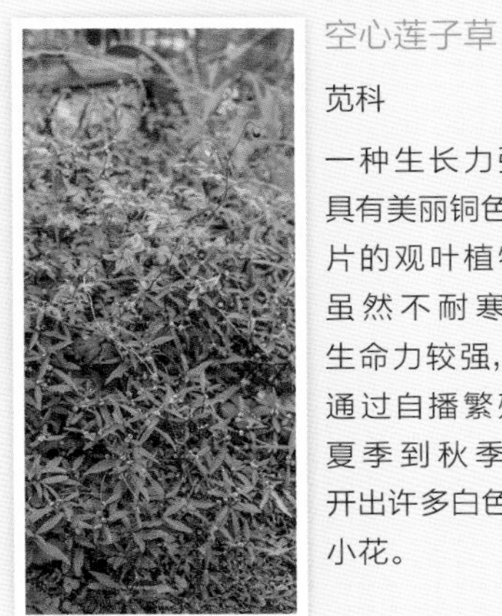

空心莲子草 苋科

一种生长力强，具有美丽铜色叶片的观叶植物。虽然不耐寒但生命力较强，可通过自播繁殖。夏季到秋季会开出许多白色的小花。

蓍草 菊科

半常绿性宿根草。夏季会开出朴素的花朵。枝条横向生长，可通过自播繁殖。植株较为强健，但不耐高温高湿。

Garden building to micelles in alley

对园路进行翻新

推荐的建材目录

从无须维护的便利建材，
到能作为焦点的个性派建材，
根据不同用途找到适合自己的建材，
并试着装点出一条华丽的小路吧。

Brushup 01

无须维护的仿真水泥制品

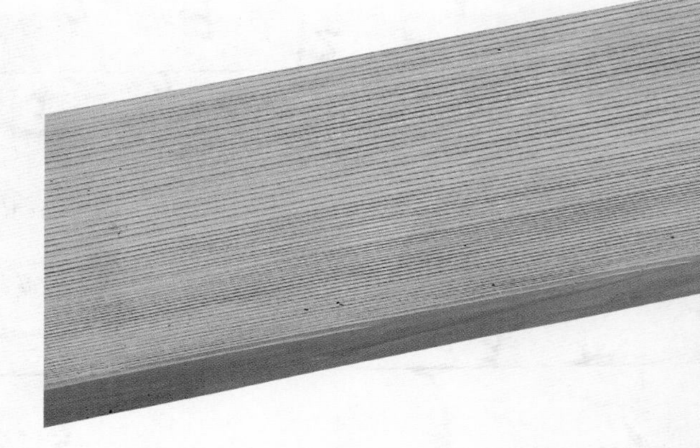

木纹设计 展现出自然风格

采用暖心的木纹设计，铺在地上就能形成富有韵味的场景，非常适合自然风格的花园。

如同排列木板一样 轻松地铺设园路

模仿烧制过的木板的外观制作的拟木平板。每4块平板以绳子固定为一组，能够轻松地铺得很整齐。

可根据喜好调节尺寸 不挑铺设空间

用绳子进行连接，别具风味的异形铺路石。剪断绳子就能对尺寸进行调整，任何地方都可以使用。

做旧风格的仿真枕木

仿真的水泥枕木，做旧的色调别具魅力。

明亮的色调高贵典雅

以石垫为原型的铺路材料，凹凸不平的质感令人印象深刻。剪断连接的绳子可以对尺寸进行调整。

Examples of use

装饰示例

水泥仿真枕木与砂石搭配铺设成典雅的小路。植被较少的地方也通过在小路的铺制手法上下功夫而更显魅力。

Brushup 02

撒上去即可 大幅降低施工难度

用惹人喜爱的核桃壳营造置身森林般的自然风味

不会被踩坏，耐久性出色的核桃壳，重量轻而方便操作，并且不易腐坏。不会有生白蚁的负担这一点也令人欣慰。

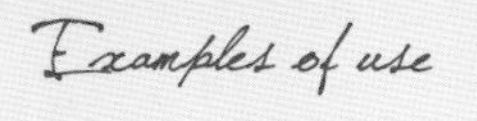

Examples of use

装饰示例

用碎木片覆盖的小路，与四周的杂木和观叶植物共同打造出一幅妙趣横生的画面。

明亮的黄色 提升小路的美感

单粒长度小于1cm，与接近原型的碎石相比更能烘托典雅温和的气氛。较淡的色泽可以为花园带来明亮感。

色彩丰富的大地色调 易与花园融为一体

单粒直径0.5~1cm的小砖粒，色彩丰富，有红褐色、浅茶色等。

天然纯朴的木片 散发出新鲜木材的香味

适合覆盖地面的木片，未使用药剂进行处理，不会对孩子和宠物带来伤害。铺制约10cm厚的话还可抑制杂草生长。

Brushup 03

为打算认真进行DIY的人 准备的别具风味的道具

硬质石灰石

克罗地亚产的硬质石灰石，橙色或黄色的色泽与绿色非常相配，可衬托出植物的美感。

Examples of use

装饰示例

从大门到花园的小路上铺满了浅茶色的砖块。砖块的缝隙中生长出来的小草进一步烘托了整体的气氛。

灰色小方砖

中性的灰色能够为花园营造出温和的印象。这些也是制造出典雅的氛围的好道具。

17世纪时被使用过的六角形陶土花砖

从法国南部普罗旺斯地区进口的古董陶土花砖，由于是手工制作，因此在尺寸上可能会存在一些差别。

暗色系做旧砖块

别具风味的做旧风格砖块，经过深度烧制形成了过度烧制后的暗系色调，能够很好地映衬出花草树木。

Brushup 04

能够作为焦点的造型独特的道具

带向日葵图案的石块让花园显得惹人喜爱

以向日葵为原型制造出的垫脚石砖，只是放在园路上就能为花园带来可爱的风格。

外观独特的卵形砖块

呈现独特卵形的砖块，可以铺设在较小的间隙或是希望引人注目的地方。

极具个性的开孔防火砖块

开着四个孔洞、造型奇特的古董防火砖块，非常适合为园路增添亮点。在孔洞中种入植物也很有意思。

模仿山茱萸花的形态的可爱砖块

模仿花朵形态的砖块，砖身开有孔洞，因此具有良好的透水性。与其他砖块组合在一起能够作为视觉焦点。

存在感超群的仿真原木

由轻质水泥制成，模仿老朽原木的样子制作的垫脚石，具有年代感的造型，营造出自然古朴的视觉效果。

充满趣味,可任意组合的迷你建材

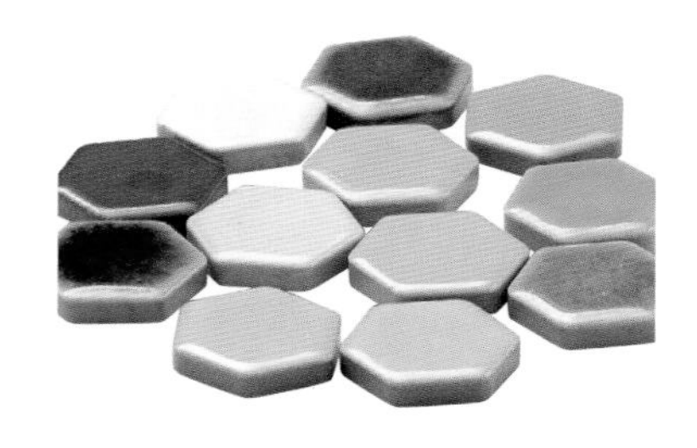

六边形的迷你花砖排列方式任君挑选

颜色丰富的工艺用花砖，可以挑选不同的颜色搭配组合成任意形状。

运用英文字母制造靓丽的焦点

以英文字母为原型进行设计的突尼斯制花砖，可任意组合使用，制造出一片独一无二的花园角落。

Examples of use

装饰示例

镶有浮雕的花砖一块接一块地铺设在蜿蜒的园路上。优美的设计为花园的这片角落带来了特别的感觉。

由人气园艺店主持的接力连载

本期人气植物推荐

＊虾膜花 ‘塔斯马尼亚天使’

< 爵床科 / 宿根草 / 花期6—8月 / 株高80~150cm>

无论是花朵还是枝叶
一切都那么美丽
展现出如女演员般存在感的植物

进行介绍的人是……

Kanekyu 金九

采购负责人 **神藤直行**

该店铺与日本各地常年从事植物培育的从业者建立了联系与交流渠道，时常会采购一些新品种植物，被顾客们评价为“能够发现珍奇幼苗的店”。

虾膜花具有魄力十足的穗状花序，以及刻痕分明较大的叶片。许多人相中这一植物，利用它独特的外观来制造视觉焦点。

这次我们想要介绍的，是一种新品种的虾膜花——‘塔斯马尼亚天使’。敬请欣赏它的美丽吧！这个品种的叶片上有着奶油色的斑点，十分华丽。它的花朵也与以往的虾膜花不同，显现出可爱的粉色与奶油色的淡色系色彩。生产者首次向我们展示这一品种的实物时便让我们不由得心动了一下。即使在花期结束之后，遍布斑点的叶片也能营造出一幅清凉的景象。这是一种能让人享受很久的优秀植物。

为了避免这种植物遍布斑点的叶片被夏天的阳光晒伤，将其放置在通风较好的落叶树下方进行管理较为合适。使用渗透性较好，养分较充足的土壤进行栽培能够提升开花品质。这一品种还具有较强的耐寒性与耐热性。

色调柔和的成熟风组合盆栽

在强烈的日照下，花儿们也没了精神。尤其在盛夏，庭院的热情也减弱了。在这样的时节，一盆美丽的组合盆栽可以瞬间让心情变好。如果选择适合环境的植物，在株型和状态维护上也会比较轻松。

主景植物

玉叶金花

添加色彩

夏堇
'卡特莉娜蓝河'

提高亮度

常春藤
'白雪姬'

植物名录

1. 玉叶金花
2. 矾根'和服'
3. 夏堇'卡特莉娜蓝河'
4. 筋骨草'迪克西碎片'
5. 常春藤'白雪姬'
6. 玉簪'真蓝'
7. 新西兰槐'金龙'

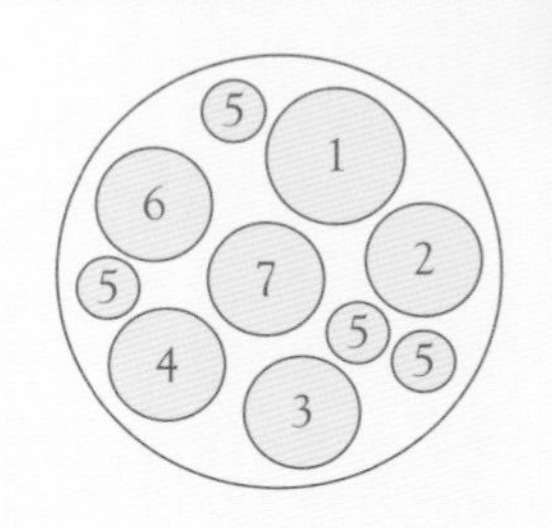

以有着醒目白色花萼的玉叶金花为主角，用夏堇添加清爽色调，花叶常春藤则用来增加亮度。小叶的新西兰槐带来一些动感，让厚重的容器也变得轻盈起来。需要注意的是玉叶金花的花萼容易在强风中受损。

PATTERN 1

装扮背阴处

北侧庭院即使在夏季也会比较凉爽，正好适合怕热和不耐阳光直射的植物。用颜色明亮的开花植物和花叶植物，来点亮阴地花园吧。

装满可爱花儿的自然风花篮

藤编的花篮里，盛满了颜色柔和的非洲凤仙花。花叶的心叶牛舌草、筋骨草和多花素馨四散舒展的枝条给人以凉爽的印象。倒挂金钟带点红色的叶片带来一些沉稳感。如果非洲凤仙花徒长了，则要回剪一下。

主景植物

非洲凤仙花
‘加利福尼亚玫瑰节’

添加层次

倒挂金钟
‘神秘色彩’

添加动感

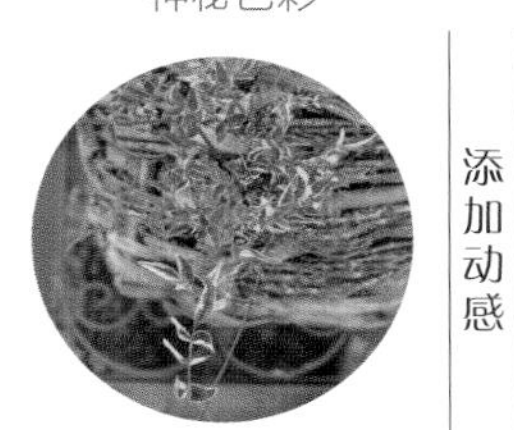

花叶多花素馨
‘银河’

植物名录
1. 非洲凤仙花‘加利福尼亚玫瑰节’
2. 倒挂金钟‘神秘色彩’
3. 筋骨草‘银皇后’
4. 花叶多花素馨‘银河’
5. 心叶牛舌草

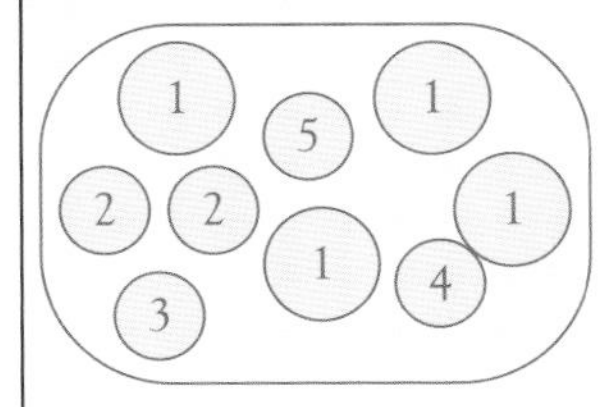

主景植物

天人菊“加莉娅”系列‘橘色火花’

饱满效果

辣椒‘紫闪’

提高亮度

金银花‘金脉忍冬’

俯视图

沉稳且华丽的花卉组合盆栽

以红色或橙色天人菊为主角，夏意满满的组合盆栽。用紫花的香彩雀和辣椒搭配黄绿色系的植物，一组色彩对比鲜明的搭配就完成了。丛林风的马口铁容器更添随性。纤细的线条状植物带来丝丝凉意。

植物名录

1. 天人菊“加莉娅”系列‘红色火花’
2. 天人菊“加莉娅”系列‘橘色火花’
3. 矮生藿香‘探戈’
4. 藿香‘葡萄花蜜’
5. 香彩雀‘天使脸庞’
6. 禾叶大戟‘排灯节阵雪’
7. 夏堇‘蓝色脉冲’
8. 辣椒‘紫闪’
9. 金银花‘金脉忍冬’

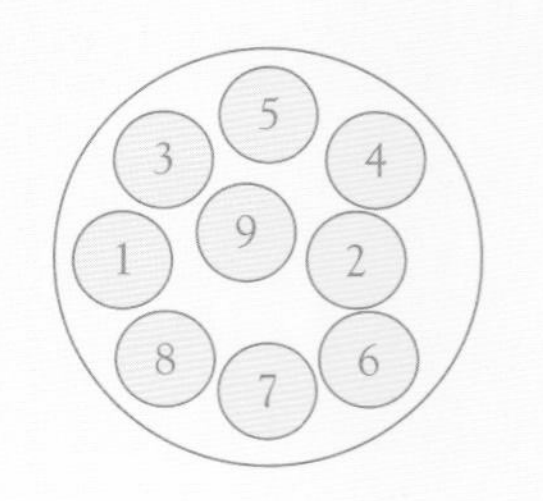

PATTERN 2

日照下的辉煌

在夏日强烈的日照下，色彩鲜艳的小花与轻盈、素雅的小花和随风摇曳的叶片，共同演绎出清凉氛围。

主景植物

长春花‘仙子星’

提高亮度

花叶木薄荷

增添轻盈感

禾叶大戟‘钻石星’

植物名录

1. 长春花‘仙子星’
2. 禾叶大戟‘钻石星’
3. 花叶木薄荷
4. 常春藤‘摩可’

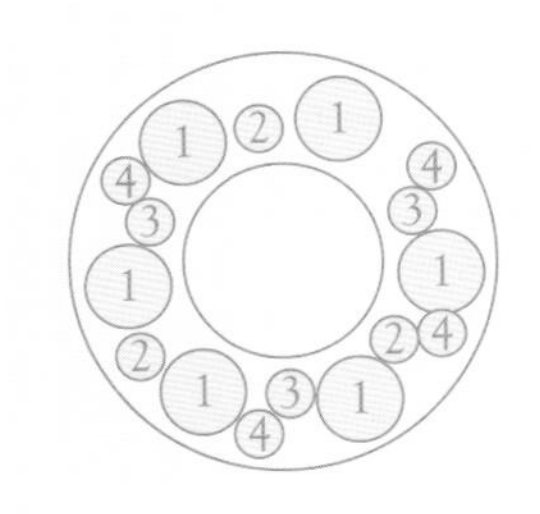

缀满小花 分量感十足的花环

以粉色长春花为中心，用禾叶大戟的小花和木薄荷的细叶组合而成的花环。简单而丰满的搭配，存在感满满。用白色铁质椅子作为装饰背景，更显得花儿们鲜亮可爱。

细节图

PATTERN 3

半阴处的亮点

半阴处是对大部分植物来说最舒适的地方。虽说在这里无论什么搭配都比较好养护，但也可以试试以独特的搭配来添加亮点。

主景植物

秋海棠‘晚霞’

增添亮度

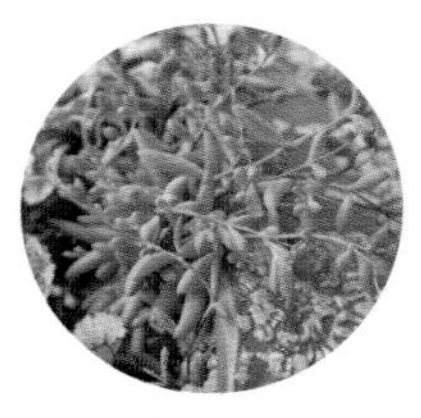

黄花新月

饱满效果

紫绒藤

植物名录

1. 秋海棠‘晚霞’
2. 秋海棠‘印加之夜’
3. 铁丝网灌木‘钢丝星’
4. 紫绒藤
5. 黄花新月
6. 椒草‘银灰’
7. 爱之蔓

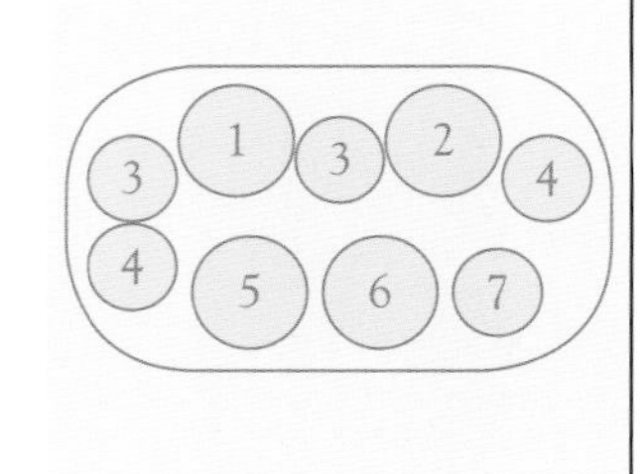

室内也可以欣赏的个性组盆

以两种深色叶脉的秋海棠为主角制作的组盆，无论造型或颜色都十分独特，让人印象深刻。黄花新月、紫绒藤、爱之蔓等茎叶带点红色的爬藤植物从花盆边缘垂下来，既有叶形的变化又和谐统一。放在明亮处的话，即使在室内，也可以正常生长。

俯视图

白鹭芫

增添冲击感

木贼

波光粼粼的水面映射出枝叶间洒落的阳光

植物名录

1. 木贼
2. 藨草
3. 白鹭芫
4. 禾叶慈姑
5. 田字草
6. 铜钱草
7. 槐叶萍
8. 巴戈草

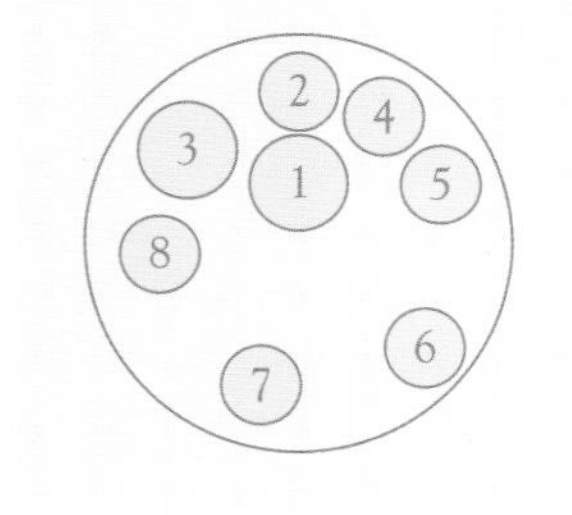

将水生植物种植在上釉的陶盆里，形成一处小小的水景。笔直有力的木贼竖立在中央，周围搭配枝条柔软的白鹭芫和藨草来增添柔和度，下方的阔叶植物增添了稳定感。水中游弋着青鳉鱼，凉意十足！

细节图

水景组盆的诀窍

水景组盆的要点是能让人联想到自然中的水景搭配。在容器中放入营养土，然后放入盆栽植株，并用石块压住其根部。推荐使用有棱角的石块以增加稳定性。这次使用的是在停车场捡来的石块。如果要放入青鳉鱼，则不要把盆栽放置在日光直射处，以防水温过热。

要点 1

使用水生植物专用营养土。

要点 2

使用有棱角的石头，稳定性较好。

要点 3

不要将植物四散在盆里，而要打造一片水面区域。

群栽组盆提案

Nursery's

从右边开始依次是后藤公介、Mayomi、福田祥之。

Re-garden

Before & After 庭院翻新特辑

让庭院焕然一新的实用技巧

庭院颜值再升级

既有小改造，也有大翻新。本节会把成功案例“改头换面”前后的照片进行对比，并介绍具体的改造方法。

Re-garden

让庭院焕然一新的

实用技巧

Before&After

亲手制作的温室和小屋 成为吸睛的关键

茨城县·川上久惠

1. 温室前方盛开的是英国月季'布莱斯之魂'，点缀了院前的空间。
2. 在凉棚上蔓延着'安吉拉'等中小型月季，仿佛要把整个温室包裹起来。

设计温室的地方，以前是一个凉棚。为了能活用凉棚下的空间，川上女士决定对院子进行翻新。

凉棚和温室的做旧效果，古朴雅致

改造的参考样本是书籍上的图片。采用亚克力板和百叶帘再现了图片上的意趣，通过研磨工艺呈现古风古调，连细节都十分到位。

充满质感的构造物，搭配绝妙的观叶植物，带来全新的变化

作为主角的月季，在白色与淡绿色为基调的构造物的衬托下，营造出甜美的氛围，与橘色的屋檐相呼应，华丽满溢。

从入口走向深处，一间古典的温室映入眼帘。枝条垂下的月季'阿尔贝里克'瞬间吸引了人们的目光。

精心培育的月季自由生长，全然改变了背景给人的印象。蓝灰色的温室，搭配乳白色的栅栏。雅致的配色与繁茂的草木，适度中和了月季的华丽，使整个庭院显得稳重大方。

居室一侧的细长通道，打造成了另一个绿色斑斓的光影花园。通道尽头是一个新建的花园小屋，这样活用空间的设计，让画面呈现出了纵深感。"我现在沉迷于宿根草和山野草之类的观叶植物，它们不同的色彩、形态和质感，给院子带来了丰富的表情。"

After

夫妇俩十分中意的雅致门扉外
是他们引以为傲的
充满设计创意的温室

川上家的前院花园中，用木甲板制作的栅栏作为隔断，阳光透过四照花的枝叶，在草坪上投下怡人的点点光影。

乳白色的栅栏别有风味，提升了绿叶彩花的美丽

3. 藤本月季‘赛琳·弗莱斯蒂’装饰的墙边，摆放了一座雕像，作为这个角落的焦点。 4. 红砖垒砌的水栓上方，荚蒾和月季互相争艳。 5. 从二手店购入的铁艺门配搭木栅栏，不同的材质与细腻的线条，给墙面带来变化。

充满古典韵味的月季花园

在翻新中起决定性作用的，是男主人制作的构造物。甲板一侧的温室、光影花园尽头的小屋，质感堪比进口制品。川上女士选出符合自己想象的古朴的门窗或者部件，以此为基础，丈夫再进行设计、制作，然后特意做旧，将巧思深度融入细节，打造出充满古典韵味的作品。

由于夫妇二人都要工作，没有太多时间打理庭院，所以决定缩小草坪的面积。新的植物选择了不需要过于照顾的宿根草和山野草，以及其他符合氛围的花草。如今，这些植物已经纷纷长大，覆盖在月季底部周围，给花坛带来安定感。休息日，夫妇俩经常去参观各种花园展会，提高 DIY 的水平。虽然时间有限，但他们一心追求着打造理想的庭院。

“北边的后院正在翻新。我们的目标是把家的四周打造成回游式庭院。”不久，美丽花草交相辉映的舞台就能完成了，真让人充满期待。

采用富含变化的植物让空间更有层次感

底部花草充盈，演绎出饱含生命力的花坛。植株高度控制在视线高度内，为视线创造通路，植株的体量也控制得恰到好处。

团簇的彩叶植物自然为花坛镶边

月季的底部是玉簪、矾根等彩叶植物，自然地将草坪和月季区分开来。

Before

以前的庭院，道路一侧是白色的栅栏。深处是居室一侧的细长空间，作为后院使用。

Idea 1

花园小径尽头的小屋自然地吸引了视线

1. 把花园小屋设置在小径尽头，以强调庭院的纵深。2. 外观古朴的小屋内部以黑色为基调，衬得古色古香的物件更有韵味。

After

以前没能活用的细长空间 也能成为美妙绝伦的光影花园

Re-garden

让庭院焕然一新的

实用技巧

Before&After

以前的庭院，草坪占据了更多的空间。焦点聚集于院中的月季，形成一个开放式的月季花园。据说当时草坪的维护让园主很头疼。

Idea 2

采用具有厚重感的天然石块作为花园小径的台阶

将光影花园引入深处的台阶，由天然的长方形石块铺制而成，和绿植也十分搭配。

手工制作的隔断
刚好遮挡了垃圾桶

为了遮挡后门外放置的垃圾桶，男主人专门亲手制作了一面格子窗的隔断，这样一来庭院一侧见到的景色就十分清爽了。

黑色、绿色、红色、黄色等五彩缤纷的彩叶织成了别致的一角，与月季花园又是不同风格的景致。

木甲板的高低差
为空间创造了延伸感

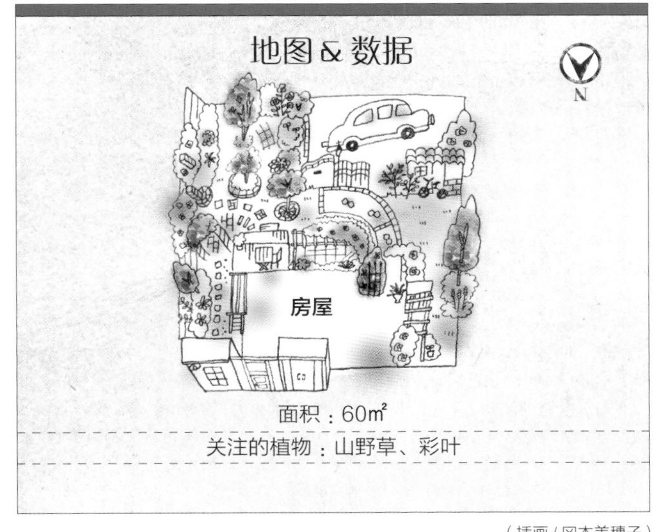

地图 & 数据
N
房屋
面积：60㎡
关注的植物：山野草、彩叶

（插画 / 冈本美穗子）

Re-garden

让庭院焕然一新的
小技巧

Before&After

活用和风庭院要素 打造梦中的月季花园

▼千叶县·玉村仁美

Before

5 年前庭院开始翻新的样子。玉村女士自己设计，院中道路和凉棚的施工则交给了专门的人员。

通过手工制作的隔断 增加了月季的展示空间

喷涂成白色、湖绿色和棕色的隔断，作为衬托藤本月季美丽风姿的背景。把枝条牵引到隔断上的过程也颇有乐趣。

After

丝毫察觉不出
曾经的和风庭院
就在眼前的风景里

精心设计的颜色搭配 给植栽赋予柔和的印象

玉村女士曾经学习过色彩搭配，淡紫色、粉色，再加一点点黄色，成就一道优美的风景。

沉淀了岁月韵味的物品也可巧妙使用

玉村家的庭院曾经是纯粹的和风庭院。5年前，在翻修这个从小就住惯了的房子时，她把庭院彻底改造成了满心向往的月季花园。

新添了木栅栏、凉棚、拱门等，并牵引了藤本月季缠绕其上。在描绘华丽风景的同时，充满回忆的和风庭院的影子也随处可见。“我出生时作为纪念种下的柿子树，还有罗汉松之类大型的树木保持原样留了下来。比较难处理的庭院石也重‘包装’设使用。就这样把以前院子凝聚的点点滴滴留存了下来。”玉村女士说道。

45年前的小屋，也成为庭院的新主角。历经风雨而更添气质的波浪板墙面上嵌入了孩童时期用到现在的玄关门，与屋檐垂下的藤本月季相映成趣，透出怀旧的氛围。

另外，为了让月季花园的气氛更甚，还需巧妙地藏住那些和风要素。和风庭院里常见的大型庭院石，周围堆砌了砖块用以遮挡，上方的木板上摆放了一些多肉盆栽，摇身一变成了装饰台。理想的庭院中，融入回忆的画面，玉村女士充满韵味的庭院改造，圆满完成。

花园小路延伸至小时候就常在此处玩耍的小屋，使其成为园中的一处焦点，再引入月季，与月季花园融为一体。

很有岁月感的小屋
墙面可作为展示背景使用

左右堆砌红砖，中间架上木板，便成了多肉植物的展示架。植物长大了，也可以通过增加红砖数量自由调节架子的高度。

和风庭院的大型庭院石
堆砌砖块进行遮挡

难以处理的大型庭院石直接留在了原地。在四面砌起砖墙挡住，上方再盖上木板，用作花台或者装饰架。

凉棚是委托专门的施工队制作的，与栅栏统一设计。其上牵引了大量的月季。

围墙的凸出部分用白色木板遮住成为花台

作为与邻居家分界线的围墙，是普通的混凝土砖墙，用白色木板遮挡后，再仔细地把凸出部分也用木板围上，作为花台使用。

由玉村女士设计、其丈夫制作的白色凉棚一角，去年刚刚完成。遮挡了混凝土砖墙的白色木栅栏，用作月季的展示墙。

月季华丽落幕后彩叶也可以点缀庭院

作为藤本月季展示墙的围栏下方种植了斑叶、黄叶、铜叶等彩叶植物作为点缀，即使不是花期，也有美景可赏。

将围栏刷成湖绿色衬托月季的美丽

Idea 5

凉棚一端相连的围栏，是月季‘菲利斯·彼得’的绝佳背景。为了映衬浅色的月季，把围栏刷成了湖绿色。

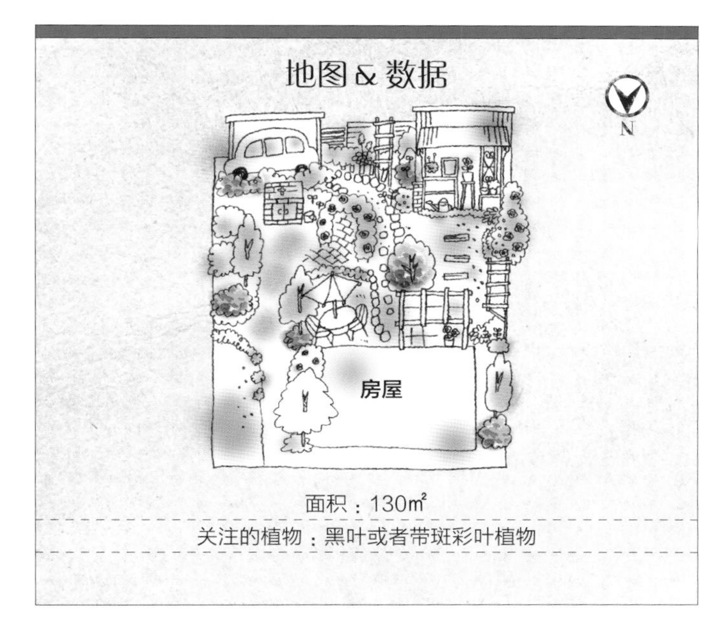

地图 & 数据
N
房屋
面积：130㎡
关注的植物：黑叶或者带斑彩叶植物

委托敬仰已久的园艺师改造成拥有可爱小屋的庭院

▼埼玉县・土桥惠子女士

Before

15 年前，刚建房子时的景色。围着草坪胡乱种了些橄榄树和针叶树，成了一个杂乱无章的庭院。

给一成不变的庭院
带来让人心动的美景

After

1. 唐棣和蓝莓的娇美果实，与简约的小屋构成一幅画。 2. 橄榄树的底部，种着黄水枝‘西尔弗拉多’、白花荷包牡丹等开着精致小白花的植物。

庭院翻新分两次进行
有条不紊的改造过程充满了乐趣

土桥女士还住在公寓的时候，就梦想着能有一个让人放松身心的庭院。这个梦想在建了新家后越发强烈，但忙于照料孩子的她实在没有多余的时间维护木甲板前宽阔的草坪。

这期间，她通过园艺杂志参考了大量的庭院，一步步在心里构想。看过的案例中最拨动她心弦的，是一座带着小屋的法式庭院。育儿生活告一段落后，她便找了一家专业的园艺公司，毫不犹豫地开启了庭院的改造工作。

最先委托的项目，就是心心念念的小屋。为了使其和木甲板成为一体，施工队用石砖将两者连接到了一起。随后把破旧的木甲板进行翻修。翻修后的甲板上还有了凉棚、置物柜、流水台等。同时对植栽也进行了大幅度的调整，长久以来梦想的风景终于得以实现。“我太喜欢这里了！尤其是现在还有了我喜爱的白花和果树，我一定会好好打理的。”土桥女士欢欣地说道。现在，她一心等着葡萄藤能尽快覆盖整个凉棚，“我期待着和朋友在葡萄藤下喝茶的那一天”。

围栏上是藤本月季‘藤冰山’，底部是桃叶风铃草和毛剪秋罗等白花草本植物。

3. 月季‘藤冰山’和松田山梅花‘雪色幻想’的枝条映衬下的小屋，成为庭院的视觉焦点。4. 透过客厅的窗户便能看到安静坐落在庭院一角的小屋，心情也随之变得柔和。小屋不仅可以用来欣赏，还是一家人一起喝茶休息的场所。

Idea 2

白色系的庭院里添加一丝别样的色彩

松田山梅花‘雪色幻想’的底部覆了一层桃叶风铃草。铁线莲‘卡西斯’的紫花成了整个篇章的“重音符”。

Idea 1

透过小窗看风景感受心的悸动

“我特别喜欢透过小窗看风景。”土桥女士说。院子里的小屋当然也让施工队做了小窗，透过小窗所见的庭院别有一番风味。

土桥女士喜欢的小白花们。松田山梅花‘雪色幻想’、月季‘藤冰山’、桃叶风铃草和唐棣交替开花。

月季‘藤冰山’

松田山梅花‘雪色幻想’

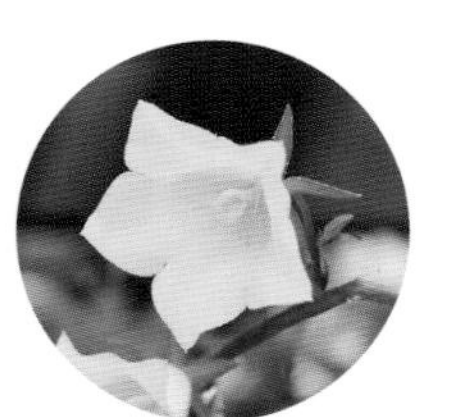

白花桃叶风铃草

地图 & 数据
N
面积：65㎡
关注的植物：开白色花朵的植物

Before

改造前简单的长方形木甲板没有植栽的遮掩，未充分发挥出休闲空间的作用。颜色也由最初的浅色变成了黯淡的灰色。

带围栏的凉棚成为避暑的圣地

凉棚上缠绕着葡萄藤。藤下的桌子是半定制的，尺寸刚刚好。

After

Idea 4

储物间和小小的流水台兼顾了功能性与美观性

5. 甲板上的储物间里，也没忘记开一扇土桥女士最爱的小窗，还设置了收纳小件物品的架子和照明灯具，实用程度满分。6. 流水台在园艺劳作后用来洗手，或在甲板上饮茶时进行一些简单的清洗都十分便利。

通往主庭院的小路因地被植物变得鲜亮

用横竖搭配的红砖铺成小路。地被植物恰到好处地覆盖了小路边缘和建筑物的墙角，营造出了柔和的氛围。

红砖铺设的花园小径是家的延伸

体验从零开始设计植栽的乐趣

▼茨城县·高柳恭子

Before

十几年前，四周还没有邻居，空间开放。深处的围栏另一边，铺设了后来的小路。

自播繁殖的亚麻
构成了草甸般的风景

轻柔地随风摇曳的亚麻，完美契合了庭院主题。如果生长得过于繁茂就应适当清除，把其控制在一定范围内。

After

3 年前，在扩大了的庭院内
打造了一条蛇形小路，
两侧选择了色彩上十分搭配的彩叶植物

尽情采用喜欢的植物，打理的过程也十分快乐

“3年前我家前方还是开放的野地，但是后来被挂牌出售了。我就干脆把院子一侧60㎡的长方形土地买下，扩大了庭院的面积。”在新的土地上用红砖铺设了蛇形小路，和主庭院的小径连到一起，变成可以回游的设计。小路左侧为了和背后的树木融合，用牛舌草、麦仙翁等比较高大的植物连接上下的景色，另一侧则选用了裸菀、羊角芹和白芨等较为低矮的植物。把小路两侧的植物设计得不一样，很有意思。

“随风摇曳的植物织成自然的景色，这样的搭配最为理想。”高柳女士说。月季的存在感也尽量低调，在修剪时把花量控制在一定范围内，以温柔的面貌与下方的植物融为一体。在设计者细致地考虑下，庭院获得了全新的面貌。

高柳女士很喜欢傍晚的庭院。花儿全朝一边开的亚麻染上夕阳的余晖，如梦如幻。

格子架上的月季
给植栽带来立体感

在高树、低木和成熟的宿根草之间，设置了缠绕着月季的格子架，给自然的植物景观增添了一抹恰到好处的色彩。

这是十几年前的场景。很可惜，中间的枫树枯萎了，但其他植物都在茁壮生长。

从停车场延伸出的小路。拱门和格子架上缠绕的玫瑰和优美的草坪小径，引人走向主庭院的入口。

Idea 2

高脚花盆只要摆放得当
也能成为焦点

小径台阶尽头的高脚花盆随意自然，却成为视觉焦点，也衬托了周围的植栽。

藤蔓玫瑰‘泡芙美人’

低垂的月季枝条
是这一幕的重头戏

以橘色的墙面为背景，将月季‘泡芙美人’衬托得更加美丽。轻柔地把月季牵引上支架，使其枝条低垂、向下开花。

逐渐繁茂的花草
簇拥着园间小路
将人引向远处的蓝色长椅

对围栏进行局部改造 同样的月季就拥有了不同的表情

▼茨城县·桥本景子

Before

7年前开始设计庭院时，以打造法式田园风为目标。为了给月季一个展示空间，就用横向铺设的木板制作了一个围栏。

作为月季登场的舞台
把围栏木板的方向
从横向改成纵向，
就轻松地
带来了些许成熟的印象

After

灵活地把月季牵引上凉棚
使其“从天而降”
肆意倾泻而下

阳光透过半藤本月季‘白满天星’淡雅的花朵，轻柔洒下。

改造前围栏上缠绕的月季，与现在相比，显得更为娇俏。所用木板的宽度均是一致的。

纵向铺设的木板
让空间显得更加宽敞，
有延伸感

一个小小的设想
最大限度地展现了月季的魅力

这个花园的亮点在于把古典月季巧妙地牵引到墙面和围栏上。因为花园的地面有高低差，所以前庭和后院通过台阶来往。这种特别的花园构造，使这个小小的花园成为一座充满了细节美的庭院。

围栏作为月季的展示舞台，是桥本女士7年前自己制作的。逐渐老旧的前庭和部分后院去年进行了翻新。"如果继续使用同样的造型就太无趣了，所以我把横向的木板改成了纵向。虽然只是一个小小的变化，却让空间显得宽敞了许多。"桥本女士说。

台阶上方装饰着月季的围栏，是引人踏上台阶的重要元素。在此处把细细的垂木与围栏平行架设，就有了凉棚的效果。虽然空间不大，但上方如丝带般垂下的月季花枝，给人展现了一种全新的风情。

被月季环绕的台阶，仿佛一条时光隧道，引人走向花园深处，唯美浪漫。底部的花草为了搭配这个空间，主要选择了泽八仙和蕨类植物等山野草。其干净清爽的装饰效果与灵动的藤本月季，谱成了一幅和谐的篇章。

台阶上方的小型凉棚让人仿佛被月季包围

台阶上方的围栏，设计成了凉棚造型。台阶尽头是装饰架，这样人们上楼梯时就不会注意到道路前方的电线杆了。

Idea 2

立式水栓巧妙地和围栏融为一体

给水管覆上木板，开一个口给水龙头，简单美观的立式水栓就完成了。与围栏毫不违和，更添魅力。

Before

台阶入口处，横向木板围栏上缠绕的月季，通过钩子与住宅一侧种植的月季连接，形成了拱门的形状。

After

Re-garden
让庭院焕然一新的
实用技巧
Before&After

用作隔断的围栏随月季展现方式的不同显得更加延展

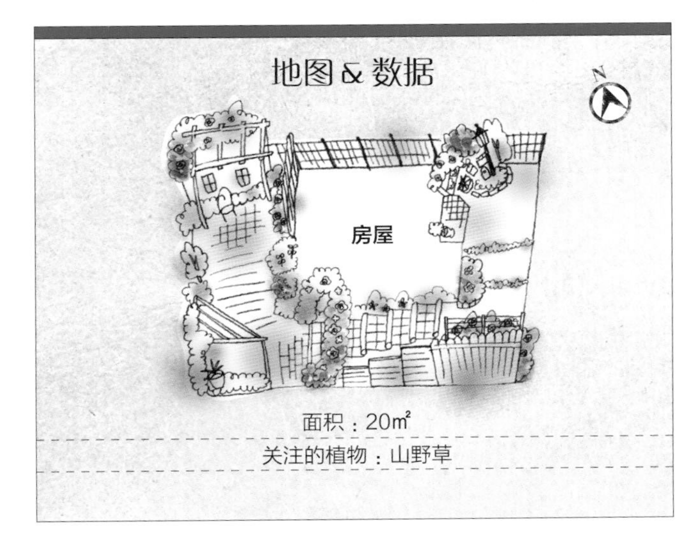

地图 & 数据

面积：20㎡

关注的植物：山野草

围栏的转角设计成L形成为小物件的展示架

围栏一侧设计的装饰架上，摆放了蓝色的杂货，成为一道亮眼的色彩，以吸引从台阶处而来的视线。

季节的植物指南

风格朴素的大波斯菊

随风摇摇曳姿态很自然！

蓝色天空映衬下光彩夺目的大波斯菊，以前是秋天的特有风景，最近夏天开放的品种成了主流。

监修：小黑晃

摄影·照片合作：横滨海洋花园（Y）、坂田种子公园（S）、泷井种苗（T）、三吉（M）、黑田园艺（K）

不看外表，出乎意料的结实、好培育

大波斯菊，又名“秋樱”，因柔美的姿态而备受人们喜爱。

虽然它们很适应日本的气候，但原产地是凉爽的墨西哥高原地带。据说在江户时代末期传入日本，当时只有单瓣品种，花色也只有白色、粉色、红色三种。在品种不断改良的今天，出现了黄色、深红色、橙色等花色，以及重瓣、矮生等品种。

大波斯菊原本是光照时间变短就会长出花芽然后开花的短日照植物（夏季播种，冬季开花），然而近年来，不受光照时间影响而开花的早生品种成为主流，春季播种，夏季就可以开始享受赏花的乐趣了。

秋季开花品种可以通过调整播种时间来改变植株的高度。受品种和气候的影响，不同时期播种的植株，会有一定的生长差异。越早播种长得越大，播得晚一点的话，就能长得很紧凑。早生品种最晚可以在 8 月上旬左右播种。播种时间如果晚的话，花期也会相应变短，并长成不容易倒伏的紧凑株型，到晚秋还可以享受开花的乐趣。

比常见的大波斯菊小一圈、开橙色或黄色花朵的黄波斯菊和稀有的红褐色巧克力波斯菊也是花坛中的珍贵草花。6—11 月开花的黄波斯菊的深黄色花朵给人一种和大波斯菊完全不同的充满夏日活力的印象。巧克力波斯菊则有着雅致的花色和巧克力般的香味，时尚感满满。因为它们不适应高温潮湿的环境，夏天需要在凉爽的环境里养护，所以出现了和黄波斯菊等杂交、容易培育的改良品种。

大波斯菊有着野趣盎然的朴素气质，和任何植物都很容易搭配，且每年都有新品种推出，请务必要试种看看哦。

要点 1 开花方式丰富

大波斯菊

黄波斯菊

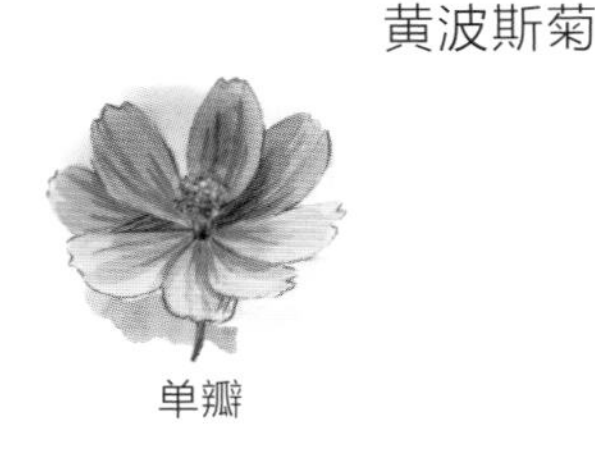

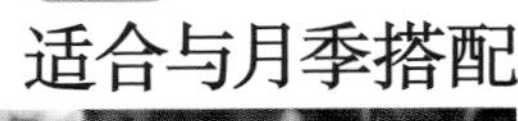

姿态轻盈的大波斯菊，和散发着华丽感的月季十分相配。

要点 3 不同播种时期会发生不同的变化

●秋季开花品种的植株高度

※ 秋季开花品种（晚花）的植株高度根据播种时间不同而有所区别（开花时间 10 月左右）

株高（cm）：0、50、100、150、200
播种时间（月）：4、5、6、7、8

●夏季开花品种的开花时间

※ 夏季开花品种（早生）的开花时间根据不同播种时间而不同

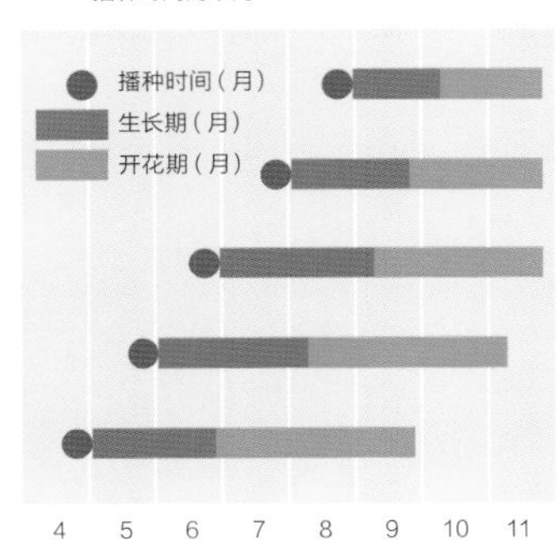

任何地方都能蔓延生长的‘轰动’花田。（M）

大波斯菊品种目录

如今，色彩鲜艳、存在感更强的品种越来越多，赶紧来挑选自己喜爱的品种吧。

‘轰动’

大波斯菊的代表品种。能开巨大的花朵，由于长势强健而被广泛栽培。（T）

早生品种
花朵直径约8cm，株高约1m。

亮色

粉色

渐变色

白色

‘海贝’

筒状花瓣的独特花形。花色有红色、白色、粉色等多种。（M）

早生品种 花朵直径约7cm，株高约60cm。

‘破晓’

花色繁多，且多分枝，亦可盆栽。（S）

早生品种
花朵直径约8cm，株高约90cm。

‘红色幻觉’

半重瓣花，花朵中心为深酒红色，十分美丽。（M）

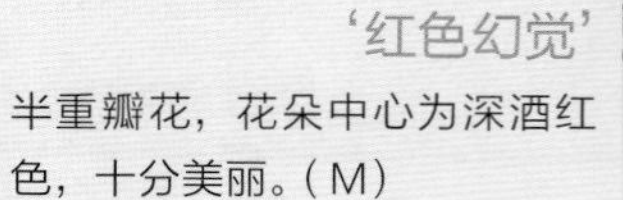

早生品种
花朵直径约5cm，株高约1m。

'Anti kitty'

随着花期的推进，花朵会出现酒红色—古铜色—粉色的色彩变化。（T）

早生品种

花朵直径约5cm，株高50~70cm。

'Pink Popsocks'

其魅力在于重瓣、单瓣等多种花形的可爱花朵。（T）

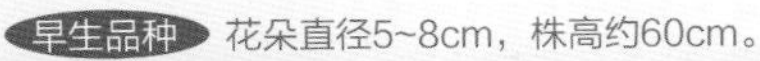

早生品种 花朵直径5~8cm，株高约60cm。

'白日梦'

白色花朵的中央有深浅不一的粉色晕染。花期长，最适合做切花。（T）

早生品种

花朵直径5~6cm，株高约90cm。

'双击'

重叠着细小花瓣的重瓣品种。浓密的花朵很值得一看。（T）

※ 根据营养状态，有时会开单瓣或筒状的花。

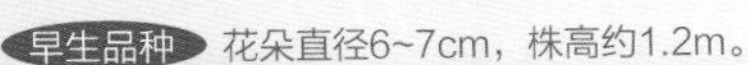

早生品种 花朵直径6~7cm，株高约1.2m。

蔓越莓色

粉、白双色

粉色

白色

'欢快铃声'

花芯的周围为白色。粉色的花瓣，越往外颜色越淡。（T）

早生品种

花朵直径约6cm，株高0.7~1m。

'Fiji Rose Picoty'

具有深粉色镶边的别致品种。主要为单瓣，但也有重瓣品种。（T）

早生品种
花朵直径约7cm，株高约1m。

'Picoty'

粉色镶边的白色花瓣，加入白色晕染的粉色花瓣表现丰富。（T）

早生品种 花朵直径约7cm，株高约1.2m。

‘索那达’

花朵虽然比较大，但植株整体较矮，适合盆栽。虽然生长较快，但开花期稍短。（M）

早生品种
花朵直径约7cm，
株高50~60cm。

‘矮生轰动’

株型较矮，不容易倒伏，适合盆栽。（S）

早生品种
花朵直径8~10cm，株高约50cm。

‘校园’

鲜艳的花色使秋天的庭院染上华丽的色彩。（T）

早生品种 花朵直径8~10cm，株高约50cm。

橙色

黄色

'Cherry Cosmos Deep Pink'

可爱的粉色重瓣品种。株型小巧又多分枝，适合盆栽。（M）

晚花品种
花朵直径 4~5cm，株高约 50cm。

‘月光’

明亮的黄色调大波斯菊。因为枝条很纤细，所以适合群栽。（M）

晚花品种

花朵直径5~6cm，植株高1~1.2m。

白色

粉色

‘凡尔赛’

花形整齐、魅力十足的大花品种。因为茎枝很硬、很结实，所以植株能保持平衡。

早生品种

花朵直径约8cm，株高0.8~1.2m。

红色

复色

'Bright Light'

具有美丽的黄、红、橙等鲜艳花色的半重瓣品种。拥有初夏即始的长赏花期。（S）

开花期 6—11 月

花朵直径约 5cm，株高约 1m。

巧克力波斯菊

C.atrosanguineus

‘日红’

植株较矮的小型品种，橙色花朵十分艳丽，适合盆栽。耐热品种。（M）

开花期 6—11 月

花朵直径约 4cm，株高 20~30cm。

‘巧克力摩卡’

红褐色的花朵，十分雅致。初夏至秋季开花。耐高温。（T）

开花期 5—10 月

花朵直径 4~5cm

株高 30~40cm

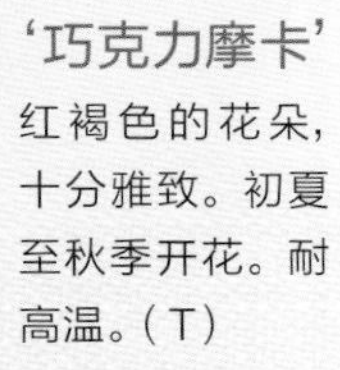

'Road Mix'

植株很低矮，分枝多、覆盖广。极早开花，花期可持续到深秋。（S）

开花期 6—11 月

花朵直径约 5cm

株高约 30cm

空间创造工房

有福创

以高超的种植技术而闻名，除了曾在第十五届“国际月季和园艺展”中获得大奖，还斩获过众多园艺奖项。

有福创先生的造园精髓

悠闲的花园故事

这次的主题是……

“做旧加工

提升花园氛围！”

新木的质感很快就看起来像是用了很长时间！

在某些特定风格的花园里，放置全新的物品可能会有种不协调的感觉。例如古色古香的花园里放了一把崭新的椅子，不会觉得它只是“浮”在那里吗？如果用做旧加工中和这种不协调感，花园的协调度会更高。此外，带有复古味道的物品与植物更是相得益彰。

这次，我们将介绍木材的做旧加工方法。这是一边观察自然风化的木材反复进行实验，一边听取前辈的建议而创造出来的方法。仔细观察老旧的木材，会发现它们虽然整体较薄但都留有硬节。此外，木纹有夏纹（夏季的生长纹路）和冬纹（冬季的生长纹路）两种。随着时间的流逝，线条柔和的夏纹变窄，留下了清晰的冬纹。虽然不同树种会有差异，但通常来说若将木材放在室外，因为紫外线的照射，使其内部产生化学反应，从而为外层染上一层银色。做旧加工时，如果能重现这些元素，便可得到更加逼真的质感。

虽然麻烦了些，但新木只需一小时，便可变身为仿佛历经了长久岁月的旧木。请一定要试一试。

木材做旧加工技巧大公开

1 削去木材边缘

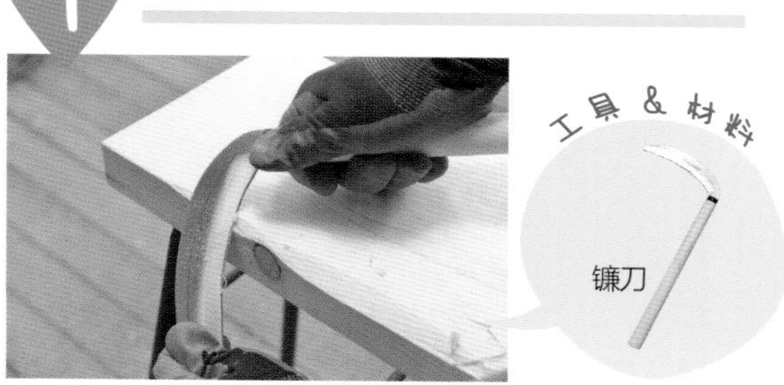

工具&材料

镰刀

用镰刀削去木材的边角。诀窍是要随意！不用担心出现倒刺，只需注意不要受伤，请尽情地削吧。此外，木节疤周围要削多一些来予以强调，这样完成后看上去更真实。

2 烘烤表面

工具&材料

喷枪

用喷枪烘烤来模拟木材干燥的样子。烘烤方式为小火烘烤约90s，直至木材表面变炭化即可。烘烤完成后，放置至冷却。当心不要被烧伤。

3 将炭灰清扫干净

工具&材料

金属刷

用金属刷沿着木纹将炭灰刷干净。把木板架在高台上操作会更方便。将炭灰仔细处理干净的话，之后刷的油漆会更容易渗透。

4 薄薄地刷上水性漆（白色）

工具&材料

水性漆（白色）

为了接近户外自然风化下木材微带银色的色泽，刷上5倍稀释的白色水性漆。全部刷完后，晾干。

5 薄涂抛光粉（黄色）

工具&材料

抛光粉（黄色）

抛光粉是板岩等研磨粉碎后的产物，主要用于木材的表面美化。粉末细腻，可以很好地进入木材缝隙，使木材更接近风化的色泽。按照抛光粉与水1：5的比例混合后，薄涂晾干。

6 涂上稀释的泥土

放在户外的木材会被尘土弄脏。为了表现这样的污迹，可涂抹上加水稀释的泥土。若要追求更逼真的效果，推荐使用准备摆放做旧加工木材的区域的泥土。完全晾干前，用抹布擦掉泥土即可完成。深色的冬纹格外醒目，完全就是老旧的质感！

花艺设计师　井出绫的生活

与花草常伴

生活中，若有花草相伴，会令心情愉悦。
在悠闲的生活中，切身感受植物的魅力。

通过视觉、触觉、嗅觉
感受植物带来的清澈纯净

用木材等天然材料装饰的空间里，明亮的阳光照射进来，这里是花艺设计师井出绫的家。井出女士以能创作出完美融入生活空间、自然时尚的花艺作品而广受欢迎。“插花时，想象着在旅行中或散步时看到过的喜欢的景色。漫山遍野开满花朵的场景是最吸引我的。”

井出女士家里各处都摆放着花草。使用的花材是花园里种的植物混合搭配在一起的。“观察、触摸每一枝花，感受它们的香味……，插花是直接的感官刺激，能让我忘却每天的烦恼。”和花草相处的时光并不是什么特别的事，而是井出女士日常生活的一部分。可以没有负担、随心所欲地欣赏，似乎便是插花如此迷人的最大秘诀。

只要拥有一片叶子
连家也开始呼吸了

“如果没有植物，总觉得家变成了一个无机物空间。一定要装饰些‘会呼吸的东西’。”即使很小一株，也会给室内带来清新的空气。

❶ 颜色亮眼的渥丹搭配小蔓长春花的叶片，增添了动感。
❷ 衬托蓝紫色绣球的是深紫色的大丽花。两侧探出的黑莓让作品变得更可爱。
❸ 斗篷草轻柔的黄花搭配虎皮兰长长的花序，感受花形各异的乐趣。
❹ 金光菊的黄色和蓬藟花苞的红色搭配起来很可爱。多花桉圆圆的叶片垂下来，轻柔地聚在一起。

❺ 在这舒适的空间里，爱犬茶姆在安然地睡午觉。
❻ 明亮的客厅。墙上的置物架上，放置了书籍和杂货作为装饰。这一角也是摆放花草的好地方。

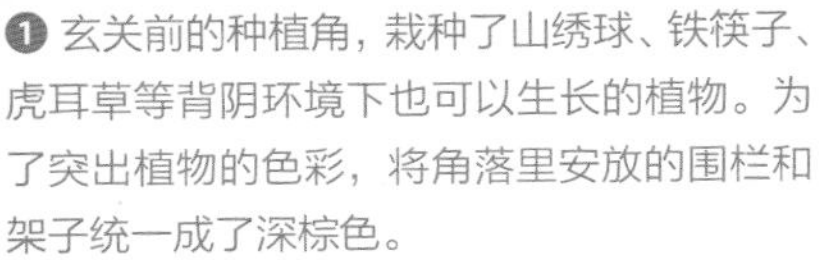

❶ 玄关前的种植角，栽种了山绣球、铁筷子、虎耳草等背阴环境下也可以生长的植物。为了突出植物的色彩，将角落里安放的围栏和架子统一成了深棕色。
❷ 日照好的阳台，种了香草和多肉等植物。
❸ 选取植材时，只截取需要的长度，灵活搭配。用可爱的篮子盛放摘下的花草，氛围感十足。

融入花园的绿意
以平常心享受搭配之趣

井出女士因为工作繁忙经常不在家，所以养在家里的植物以好打理的绿植和乔木为主。工作上使用的花材也经常来自自家的庭院。“重要的是观察每株花草的表情，找到它们最美的姿态，并最终达到整体上的和谐统一。”

利用细长舒展的枝条，创作出将田野搬进篮子里般自然的搭配。

简介

井出绫

花艺设计师。常在不同媒体上分享花艺制作课程。著作有《花的教室》等。

井出女士的生活必备品

从插花时使用的工具，到治愈心灵的艺术品。这里展示了一些为井出女士生活增添色彩的物品。

花器

水壶、茶壶、编织篮等能感受到温度的手工制品，设计简洁给人以自然的印象。

修枝剪

“剪刀的锋利度会随着使用而变差，所以要挑选一把称手的，并适时更换。”

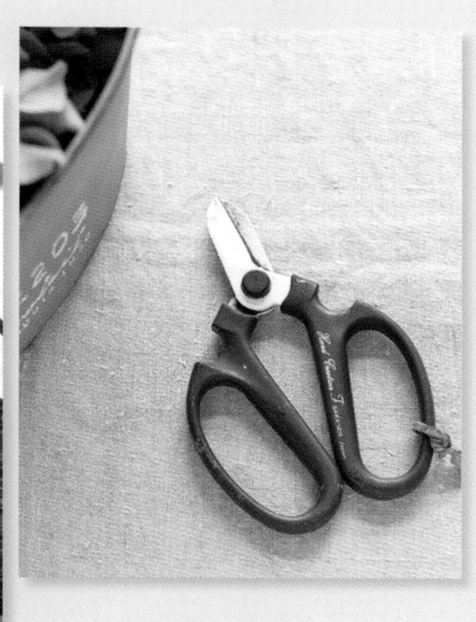

书籍

“我的工作主题是连接‘生活’与‘自然’。从生活衍生而来的工艺品、传达自然气息的书籍，都是我的灵感来源。”

音乐CD

符合当天心情的音乐是生活中不可或缺的要素。我喜欢柔和优美的曲调。

理想庭院的打造方法

和专家一起造园

造园师们设计的花园，在空间设计、材料选用、种植技术、动线的考量等方面都有很多独有的巧思。下面介绍一个和专业人士一起打造的，设计出色且兼具实用性的花园。

花园深处的凉棚上，牵引了一棵引人注目的白色藤本月季'冰山'。草花以一年生为主，似乎每个季节都需重新栽种。

用植物围住和客厅邻近的露台，与花园融为一体。露台的凉棚上缠绕着华丽的月季“佛罗伦萨·德拉特”。

实例1

亮色调构筑物 将植物衬托得熠熠生辉

■ N先生

园主虽然喜欢园艺很长时间了，但仍苦恼于不能做好整合。于是邀请了一家专业花园设计公司来做花园。在讨论了设计方向后，他们决定建一座以白色为基调，带点甜美风格的可爱花园。工期分为6期，按照车棚旁的花坛、围栏、过道、凉棚、露台和花园水槽的顺序施工。通过制作精良的基础构筑物来确定花园主基调，再通过配色营造出统一感，使整个空间和谐统一、焕然一新。露台是园主最喜欢的地方。因为外面的视线被挡住了，所以很舒服，似乎连待在花园里的时间也更多了。

他们将现有的树木减少到可以很好维护的数量，缩小种植空间，并进行了整理，使它们看起来更加整齐漂亮。享受每一季补种花草的乐趣，或在露台上喝杯茶放松一下，充分享受有花园的生活……这一切使得园主的生活更加舒适惬意。

Check! 用砖墙围住露台，提高私密性

露台上，用砖块围成的花园水槽遮挡住了周围的视线，增加了私密性和舒适度。选择亮色的砖块可以消除压迫感。

曾经隐约在心中描绘
过的场景在专业人士
的帮助下不断实现，
一座令我心满意足的花园就
此诞生。

Check!

用带长椅的凉棚
在过道的一侧打造出一道浪漫的风景

凉棚的立柱上缠绕着铁艺装饰，攀爬着淡紫色的铁线莲‘沃金美女’等，唯美浪漫。此外，下方的长椅还起到了加固木围栏的作用。

统一使用
浅色调材料
打造明亮氛围

❶ 为了搭配房屋外墙的颜色与材料，花园水槽的砖墙使用了略带粉色的比利时砖瓦。

❷ 用浅米色仿古砖铺就的花园小径。距离较长的话，铺制时可加入直线、曲线的变化，使小径看起来更宽敞。

散发光彩的小细节，时尚的材料运用

❸ 在花园水槽的砖墙上加两处开口，用来通风和增加景深感。在开口处嵌入仿古铁艺壁板，雅致好看。

❹ 将围栏顶端做成曲线状，或切割成枝叶的形状，看起来很别致。

❺ 砂浆里混入小石子，搭配手工铺路石，成为一个看点。

不放过任何地方，设置一个有品位的花坛

车棚边设置了一个天然石块垒成的细长花坛，用来消除沉闷的印象。明艳的黄色月季‘金绣娃’点亮了墙面。

❻ 凉棚上缠绕着藤本月季‘藤冰山’和‘泰迪熊’，非常浪漫。

❼ 每个关键点都设置了小型种植区，轻松享受补植的乐趣。用蓝色鼠尾草和飞蓬草等可爱的小花点缀小路。

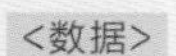

<数据>

花园面积：90 ㎡

建设期：9 年

Q&A

如何确定自己喜爱的花园风格?

起初，我并没有一个清晰的形象，所以让专家实地看了看花园的现状，并在不断沟通中勾勒出了我的梦想花园。

如何节约建筑成本?

分步骤改造。如果一次性修建到位的话，会很贵。所以我定了一个分步骤的目标，为想放进花园里的东西存钱，一点一点地改造。

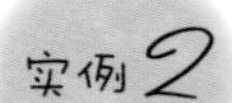

用色调素雅的外装，打造“轻熟风”花园

■ 大河内先生

右侧园路的尽头是一个可以让家人放松休息的露台。丛生的枹栎树、光蜡树，以及攀缘的藤本月季，柔和地遮挡了视线，打造出私人空间。

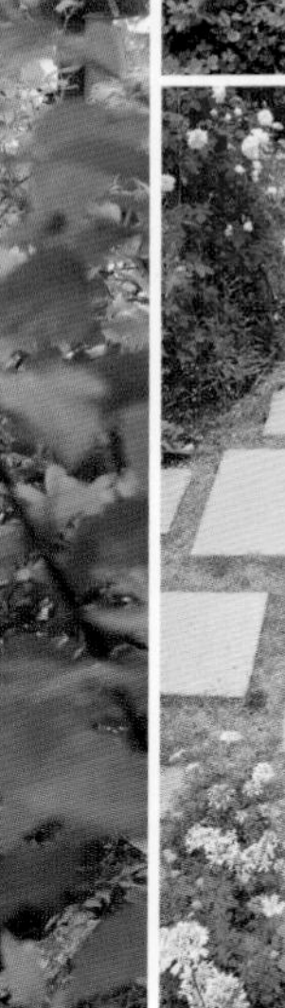

Check!

极具设计性的外装为花园增添亮点

❶ 勾勒出平缓曲线的围栏给空间带来柔和的印象。因为兼具遮挡视线的功能，所以高度设定为160cm。每隔一段距离设置了立柱，即使在月季落叶的冬天也能不经意地遮挡视线。

❷ 石柱是将砂浆倒入胶合板组成的框架里浇筑而成的。脚下用黄杨镶边清新水灵。

❸ 在种植角后方，不规则铺设的铺路石，带来了韵律感。

❹ 烟树的深红色叶片起到衬托小花的作用。

❺ 牵引在围栏上的淡粉色月季‘公爵夫人蒙特贝罗’和紫色月季‘黎塞留主教’相互映衬，下方灌木丛选择了鼠尾草‘卡拉多纳’、剪秋罗等搭配。

房屋的角落安装了木栅栏。明年古典月季‘贾博士的纪念’应该可以很快攀上栅栏顶部，为露台入口处丰富色彩。

受到喜爱月季的母亲的影响，园主对月季花园充满了憧憬。在建造新房子的同时开始了造园。乔木的选择、空间的打造都交给了专业的花园设计公司。

花园建造的目标是打造月季与深色外墙交织而成的素雅别致的月季花园。用来牵引月季的围墙、棚架、栅栏，涂制成统一的蓝灰色。将外装以沉稳的色调统一起来，营造出家的一体感，并成功打造出一片月季与灌木丛交相辉映的背景画面。

园主最喜欢的是将停车场与房屋自然隔开的围栏。设计成S形的围栏上，高高低低地牵引着母亲选的藤本月季。为了不让月季过于突出，避开大花月季，选择了白色、粉色、紫色的中小花品种。S形曲线打造的空间是完美的种植区域。株型纤细的白色、蓝色花卉与月季融为一体，描绘出一片美丽的风景。

<数据>

花园面积：50 m²

建设期：3 周

Q&A

如何确定自己喜爱的花园风格?

我事先收集了许多国内外古董店和花园的照片，以此为参考与设计师进行沟通，从而确定了自己喜爱的风格。

如何节约建筑成本?

虽然乔木等的选择和种植交给了设计师，但灌木和月季主要由我自己采购和种植，从而控制成本。

设置露台、自行车停放处等区域扩大花园的使用范围

❻ 在房屋旁边设置了露台。为了搭配房屋的外装色调，露台周围的围栏选用了黑色。在围栏上牵引月季‘科尼莉亚’提升甜美度。

❼ 建造自行车停放处，是为了将月季牵引到其顶上和后方的墙壁上。月季‘金丝雀’被牵引至此。

实例3

古朴的小屋衬托出月季的魅力

■ B先生

房屋入口旁的露台上栽种着月季‘粉色龙沙宝石’和‘西班牙美人’，营造出华丽的效果。

Check!

与房屋外观氛围相协调

❶ 为了与房屋的外观相协调，阳台、门柱等构筑物特意选择了自然风格的砖块作为建筑材料。为了方便月季造型，在房屋的墙面上牵了钢丝。❷ 二楼阳台上也种满了月季，与花园相呼应。

建新房的时候，看到杂志上的花园，园主便决定要建一座复古英伦风格的花园，并委托专业的花园设计公司建造，以期从房屋的建筑风格到花园种植都可以协调统一。

入口的地面用仿古砖铺设而成，一进花园就被独特的气氛所包围。为了不给人以黑暗的印象，花园工具房、围栏、室外机罩等采用了柔和的象牙白色为基调去平衡。房屋外墙上拉了铁丝，构成了月季绽放光芒的舞台。

在植物配置方面，园主希望种植自己喜爱的月季、丁香、唐棣、绣球等，此外还要求以开紫色花朵的品种为主。

“冬天的铁筷子、春天的铃兰等可爱的花儿们在各处竞相开放，感受四季的交替很有趣。从现在开始，我的任务便是让花园成熟起来，享受着每日的修剪乐趣。”园主自豪地说道。

工具房和围栏统一使用象牙白色来映衬月季

❸ 带有设计感的空调室外机罩。

❹ 上部为格状，略带疏漏感的围栏。打算之后用来牵引唐棣。

❺ 色调干净的花园工具房，门刷成了浅灰色，精致的配色令人印象深刻。

Check!

使用有趣的铺路材料打造令人印象深刻的小路

❻ 房屋旁边的狭窄小路，由不同深浅的米色碎石铺设而成，提升了亮度，并栽种了素馨叶白英、美洲茶等植物。

❼ 三种仿古砖混合铺设而成的小道，大胆使用了有缺损或有油漆斑的砖块，营造出古朴的氛围。

<数据>

花园面积：57 ㎡

建设期：1 个月

Q&A

如何确定自己喜爱的花园风格?

可从杂志或网络上收集喜爱的花园图片，并打印出来，以传达一个具体的形象。

如何节约建筑成本?

没有阳光照射，且几乎很少步及的小路，可适当下调铺路材料的等级。

必有的绝美花园！

狂野纯粹的岩石花园

岩石花园最近十分受关注。在这里，由岩石和花卉交织而成的野性景观充满了魅力。打造真正的岩石花园需要专业的知识。下面将介绍由专业人士打造的不同风格的岩石花园。

改造花园，享受更多的种植乐趣

岩石花园的常用设计手法是在由岩石组成的花坛里，种上高山植物、山野草，以及喜干燥的多肉植物等。在19世纪的英国，就曾流行过模仿阿尔卑斯山等山区岩石景观的造景。

为了尽情享受种植不喜高温高湿环境的植物的乐趣，打造岩石花园时进行土壤改良，提高排水性尤为重要。随着土壤变干，植物的根系会深入地下寻找水源，从而使根系不易受到地表温度的影响。此外，石头在夜间会冷却，所以也有降低周围环境和土壤温度的作用。在真正的岩石花园中，在土壤中加入大量石块或瓦片可以加强这一效果，不过如果不是种植特别难养的植物，不需要做到这种程度。

映照在绿色森林中，
郁郁葱葱的岩石花园

花坛星星点点地散布在茂密的丛林之下。各种株型的植物聚在一起，营造出和谐的自然风光。

●岩石花园●

工藤花园

岩手县泷泽市

以生产丰富苗木而闻名的试验田

工藤花园是一家出售高品质宿根草，并深受园艺爱好者信赖的店铺。店铺中有一个兼做植物实验田的岩石花园。

花坛部分用砂土和泥炭土混合的土壤打造约30cm 厚的种植层。挡土石使用的是火山石。花坛内也摆放了石块，并种上针叶树等有着漂亮叶片的树木、宿根草和球根。栽种时，不要种植过密。

❶ 覆盖着青苔的石块营造出野生气息。石块周围种植了许多景天类植物。
❷ 红叶的小檗、烟树，粉色的福禄考等同色系植物搭配在一起的花坛。

❸ 胭脂红景天、四棱大戟、矾根等细微变化的叶色加深了画面的表现力。
❹ 匍匐般蔓延开来的白花桔梗‘雪仙子’与风知草相映生辉，散发着野性的气息。
❺ 开着白花的景天‘红毯’。将强健的景天种植在石块间，可以轻松营造出山地的意境。

利用原生枫树等植物打造的岩石花园。下层灌木丛使用了喜欢半阴环境的玉簪、落新妇、橐吾‘小火箭’。

【花园植物清单】

野决明
豆科
株高：约80cm 花期：5—6月
原产北美东部，是披针叶野决明的小型种。有着漂亮的浅蓝色花。茎干强健很难倒伏，株型茂盛繁密，花后的观赏价值也很高。

美丽牛眼菊
菊科
株高：约60cm 花期：5—9月
带点橙色的花苞开花时会变成明亮的黄花。花期长，强健好养。注意不耐高温高湿。

假升麻‘珍珠鸡’
蔷薇科
株高：约60cm 花期：5—6月
原产亚洲，是假升麻的园艺品种。开花性好，缀满无数白色小花的纤细花穗淡雅清新。喜欢阴凉处。深裂的叶片也很漂亮。

松果菊‘覆盆子松露’
菊科
株高：约80cm 花期：6—9月
原产北美。开花性好，强健好养。耐寒、耐热，喜欢光照好的地方。温暖的橙色花朵为种植区增添了亮点。

锦葵‘伊利亚姆纳·莱莫塔’
锦葵科
株高：约1.5m 花期：7—9月
原产北美。绿色叶片与淡粉色的花朵相映衬清新又自然。开裂的叶片也十分有趣。纤细的株型最适合种植在花坛后方。

春黄菊‘泰特沃斯’
菊科
株高：约60cm 花期：5—7月
原产欧洲。有着漂亮的银叶和柠檬黄色的花朵。植株繁茂舒展，生长旺盛，很容易和花园融为一体。因为花期较长，所以需要经常摘除残花。

柠檬荆芥
唇形科
株高：约20cm 花期：5—9月
原产欧洲、亚洲。在众多荆芥品种里，属于小型紧凑的。开花性好，花期长。徒长的枝条若回剪至新芽萌发处，会再次开花。

毛地黄钓钟柳‘黑暗塔’
玄参科
株高：约1m 花期：6月左右
原产北美东部。叶片红棕色，花朵淡粉色。强健好养。因为植株的体量较大，所以在花园里很有存在感。

风雅舍

兵库县三木市

用清澈的溪流营造清凉风景

在树木青葱繁茂的林地花园深处有一块开阔明亮的草坪，在其旁边打造了一个岩石花园。宽约5m、长约10m的花坛中央，利用土地的坡度设计了一条人造溪流。岸边摆放着火山石类的多孔石，营造出野生溪流的意味。“在干燥的景观中，哪怕加入一点点水流，便会生出灵动感。”作为花园设计师的园主说。

打造出湍急的溪流和如融化的雪水般清澈的景象

❶ 群植几株像花葱一样株型细长的球根植物，令人印象深刻。右
❷ 在河床里铺上防水布，并涂上混入砾石的砂浆。模仿溪流的样子，在砂浆干掉之前放上石块，以营造自然意味。

❸ 花坛内侧，搭配种植了白刺花、日本小檗‘海梦佩拉’等小叶灌木。

❹ 架在溪流上方的小桥，连接了两岸的花坛。福禄考垂吊下来，柔和了石头坚硬的印象。

❺ 用多种颜色的芝樱为郁金香和洋水仙增添色彩。“虽然是很早以前就有的植物，但它们生性强健、易长成一片，所以很常用。”园主说。

【花园植物清单】

杂交紫娇花
百合科
株高：20～30cm 花期：5—10月
原产南非的半常绿宿根草。

花黄茖葱
百合科
株高：30～40cm 花期：5—6月
原产地中海沿岸的花葱。细长的花茎从直立的线形叶片里伸出，开黄色花。强健好养，放任不管也可以繁殖得很好。

福禄考
花葱科
株高：20～30cm 花期：4—6月
原产北美。株型纤细而富有野趣，枝条柔软飘逸。开粉色花，有香味。耐寒、耐热，易生长。

芝樱
花葱科
株高：约10cm 花期：4—5月
原产北美西部的强健宿根草。茎干不直立，而是横向匍匐生长。花色有白色、粉色、浅紫色等。

别具一格的石块
更加衬托出山野草的可爱

园主说：“由深埋的石块围出的种植空间在岩石花园中被称为‘口袋’。”据说在这样的生长环境中，植物的根系会沿着石块深入地下，从而免受高温伤害。

① 大花岩芥菜从石块堆叠起来的干垒石墙的缝隙中轻柔地蔓延开来。满溢而出的粉色小花非常可爱。

② 结着硕大果实，有匍匐性的针叶树增强了山地的氛围。

用砂石覆盖土表，再搭配上大小各异的天然石块打造成真正的岩石花园。为了悉心培育和观察小苗，不要种植太多品种。

为了遮挡房屋地基而设置了花坛。随意摆放的天然石块间种着岩生庭芥和辣韭。每一处都充满了自然之趣。

【花园植物清单】

山飞蓬
菊科
株高：10～15cm/花期：5—7月
一种北海道原生的小菊花。叶片细小，开微带紫色的白花。虽然喜欢日照但要避开夏日西晒，种植在保水及排水好的地方。

马葱
葱科
株高：30～40cm
花期：7月中旬至8月
叶片非常细。花朵为白色，不耐阴，最好种植在日照好的地方。

禾草叶毛茛
毛茛科
株高：20～30cm
花期：3—5月
在欧洲草原十分常见。叶片细长，开黄花。不耐高温，所以要特别注意梅雨期。

火绒草
菊科
株高：10～25cm
花期：5—6月
全株覆盖着白色茸毛。不耐高温高湿，所以最好种在通风好的凉爽地方。

●岩石花园●

森之庭院

兵库县

植物学家独有的岩石花园

这个花园的主人是一位从事东亚野生动物和东亚原生寒冷地区植物研究的专家。他的花园里设计了一个真正的岩石花园。

为了排水通畅，打造岩石花园的地方向下挖掘了1m深，并填入花岗岩、日向石和轻石混合土。将带有棱角的石块深埋入地里，为每株植物打造口袋种植区。

为了能够仔细观赏到每一棵植株，刻意加大了每棵植株间的种植距离。一边想着原生地风景一边种植，便可呈现得更自然。

这也是必看的！充满个性的岩石花园

根据土壤特性或理想中的景色，打造有自己风格的岩石花园。下面介绍三个非常棒的花园，展示它们对石块、植物的选择方式和搭配品位。

❶ 矢车菊、鸢尾的蓝色花朵清新好看。大棵的玉簪和橐吾等观叶植物加强了野性印象。
❷ 控制长势，让每种植物的株型饱满而又不会遮住岩石。

紫竹花园 北海道带广市

满是花儿的野生风景

这是一座建于20多年前，被花儿装扮的岩石花园。花园面积约600㎡，步行道四通八达，可以从不同角度观赏植物。用石头堆叠而成的花坛里，使用了添加大量石子、排水性良好的土壤。栽种了以玉簪、楼斗菜、柳兰、燕子花、橐吾等为主的大棵宿根草，还有枫树和针叶树等。初夏，堇叶延胡索、鹅掌草等小型植物遍地开花。北海道特有的充满野性的景色贯穿一年四季。

❶ 在石制的古董水槽里种上蓝盆花、圆扇八宝等植物，作为景色的点睛之笔。
❷ 竖着埋下的石块呈现出了山地地貌。

英式花园 山梨县北杜市

英式岩石花园

这是一座仿佛位于英国的花园。原本设计为路边停车位的部分被改造成充满野趣的岩石花园。台阶部分使用了造园时挖出的大石块。花园深处，将产自科茨沃尔德地区的扁平石块竖着埋进了土里，营造出英式氛围。花园中的植物以高山植物为主。龙舌兰等雕塑般的植物和英国古董装饰品为花园添加了看点。

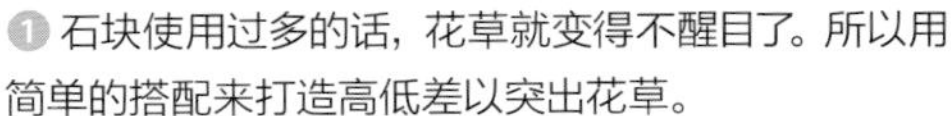

❶ 石块使用过多的话，花草就变得不醒目了。所以用简单的搭配来打造高低差以突出花草。
❷ 縫毛荷包牡丹等不耐多湿环境的花草正生机勃勃地生长。
❸ 早春的风光。重点似乎是无需将植物聚在一起，而是要分散种植。

植花梦花园 兵库县宝塚市

阶梯式岩石花坛

这个花园作为一个可以观赏到珍稀宿根草的地方，深受园艺爱好者的喜爱。岩石花坛被设置在了山坡斜面上的花园入口处。阶梯式花坛中使用了表面凹凸较少的石块。棱角分明的形状很漂亮，黑色的色调与植物相得益彰。观赏植物的最佳时间是早春。下层植物由地椒、婆婆纳、芝樱等较矮的常绿地被植物组成，其间四散点缀着葡萄风信子、番红花等球根植物，以及水杨梅、马蹄纹天竺葵等小型宿根植物。春天过后开花量会骤减，后面开阔的主花园将接棒继续散发光彩。

到植物编织的天堂去！

一场激动人心的花园之旅

植物、环境、造园……这是一个知道得越多越感深奥，能够激起求知欲的世界。
从网络、书本上获取知识固然很好，不过用五官去感受未知的空间也是一大乐趣。
旅行是探索未知空间最好的方式，那么就出发去憧憬的花园吧。
这次将探访位于日本高知县的两座花园，介绍在那里发现的美妙事物！

【花园旅行者 /G&G 编辑部 · 井上园子】

怀着对莫奈的崇拜之情，种植了温带和热带两种类型的睡莲，甚至水池中还可以看到难以在法国生长的热带蓝睡莲。

北川村
“莫奈花园”

信息

地址：日本高知县安芸郡北川村野友甲1100号

电话：0887-32-1233

开园时间：10:00 ~17:00

（7—8月 9:00 ~ 16:00）

休园日：每周二（节假日照常营业），年末、年初（12月26日至次年1月1日），维护日（1月10日至2月最后一天）

交通：从日本高知龙马机场驾车约60分钟

享受变幻莫测的风景

花园中再现了莫奈代表作《睡莲》里描绘的池塘。像位于法国吉维尼的原址花园一样，花园里栽种了柳树、紫藤，架起了拱桥，表达了莫奈对东方世界的向往。树木和天空倒映于水面，光影的变化呈现出不同的景致。

1. 池塘一角架设着蓝绿色拱桥。4月中旬，可以观赏到莫奈描绘的紫藤花垂落而下的日式风景。2. 为了在水面映照出池塘周围环绕着的树木、天空，栽种于水中的睡莲有规律地空出了位置。池塘深处的月季拱门一字排开，营造出浪漫的风景。3. 拱门上缠绕着红色的藤本月季‘超级埃克塞尔萨’，其深色的花朵和睡莲相呼应，丰富了色彩。4. 溲疏漂亮的白色花序垂在岸边，无论截取哪个画面都非常浪漫。

再现“莫奈花园”的唯美与浪漫

法国小镇吉维尼是印象派大画家克劳德·莫奈生活过的地方。那里的花园是园艺师们无限憧憬的地方。在日本可以欣赏到如此风景的地方便是高知县的北川村。

这里原本是一个用来招商引资的工业园区，但由于泡沫经济破灭，规划失败了。随着政策的变化，制订了建造“莫奈花园”的计划。起初，村里的工作人员去法国申请，被回绝了，但他们并没有放弃，最终通过不断地游说而获得了许可。

花园从构思到完成大约花了4年时间。位于法国北部的吉维尼和高知的气候大不相同，而且考虑到成本，花园里大量使用了高知原生的枫树等植物和当地的石块。这座花园诞生至今约22年，每年都有许多人前来参观。

1. 利用高低起伏的地形，生动地展示具有异国风情的植物。2. 为了降低建造成本，龙舌兰是从其他地方移栽过来的。石块是从海边挖来的。3. 入口周围添加了随风摇曳的漂亮花朵，打造出一幅野花遍地开放的景象。

沉浸在明媚氛围中的 光之庭院

世界上仅有的 表现了莫奈希望之光的一座花园

这座花园是以莫奈的画作为主题而创作的，并深受专业园艺师们的好评。带有异国风情的植物，表现了法国南部的明媚风光。

可以看到繁花盛开的 花之庭院

像调色板般种植的花园

花园的丰富色彩，让人不由联想到画家的调色板。和原花园一样，中央设置了一排蓝绿色的拱门，打造成了一条鲜花隧道。在道路两侧的花坛里，可以欣赏到层次丰富的各色时令花草。驻足模仿莫奈故居建造的粉色画廊和咖啡厅前，不仅可以观赏花园，还可以眺望北川村的山川和河流。

1. 与原花园一样，生机勃勃的旱金莲覆盖在道路两边。鼠尾草和大丽花为花园的夏天和秋天添加了色彩。2. 从前方开始依次是白色—黄色—橙色—红色的花坛。此外，还种植着由源自法国的种子繁育而成的珍稀植物。

遇见了厉害的人

川上裕先生负责这个花园的植物配置和养护工作。他曾多次访问法国，与莫奈花园的首席园艺师交换意见，并管理着一个不使用农药的美丽花园。他还被授予了法兰西文学艺术骑士勋章，以表彰他在与法国进行文化交流的同时，打造出表现莫奈精神的花园的成就。

首席园艺师

川上裕先生

1. 由建筑家内藤广设计的牧野富太郎纪念馆，中庭呈圆形，屋顶的曲线极富动感，与植物交相辉映，浑然一体。2. 靠近入口处是一条令人心情舒畅的绿色隧道。溪流和瀑布也被包含其中。

高知县

牧野植物园

信息

地址：日本高知县高知市五台山4200-6

电话：088-882-2601

开园时间：10:00 ~17:00

休园日：年末、年初（12月27日至次年1月1日）

交通：从日本高知龙马机场向西驾车约40分钟

延续牧野博士的精神 园艺家的圣地

日本高知县牧野植物园位于连绵起伏的五台山山顶附近。该园于1958年开放，以纪念出生于高知县佐川町、被誉为日本植物分类学之父的牧野富太郎博士。该园主要从事植物学研究，以及与植物相关的科普教育宣传工作，同时也为市民提供了一个可以轻松接触植物世界的地方。

在约6万㎡的场地上设置了许多引领人们进入深奥的植物学世界的展示。其中，最吸引人的要数展示的细节——有效利用周围环境而设计的建筑，以及从孩子到大人都能产生兴趣、易于理解的演示和解说。园中，树木的修剪以自然树形为基础，花草的种植也以原生地貌为模板，设法让大家能够联想到物种本来的样子。考虑到观赏感，甚至细致到每一个展示植物的容器外观好看与否，都进行了仔细地斟酌。

在传播自然科学知识的同时，植物园还从游客的角度进行空间设计，提供了高品质的体验氛围。

马兜铃
马兜铃科
该品种是牧野博士在日本发现并命名的，是一种具有攀缘性的宿根草，会受到麝凤蝶幼虫的啃食，5月的观赏期可以同时看到麝凤蝶的幼虫和成虫。

佐川细辛
马兜铃科
牧野博士采集于高知县佐川町。4—6月，萼片会变成白色或淡黄色。

纪念馆中庭种着与博士有关的植物

牧野博士发现并命名的植物有1500多种。其中一部分被种在了这里。从春天开始，可以观赏到山樱、鹿角杜鹃、燕子花、黄石斛、天香百合、日本黄花鼠尾草、足摺野路菊等植物，还可以看到以他妻子名字命名的多枝箬竹。

他的一生就是日本植物学的历史
1. 再现了牧野博士书房的一角。牧野博士的蜡像和他收集到的堆积如山的草木标本，十分逼真。2. 大厅拥有像博物馆一样的现代空间，柔和的灯光营造出平静的氛围。

植物分类学家 牧野富太郎博士

展示了博士的一生和成就的纪念馆

在家乡佐川町度过的少年时期，搬到东京不久后迎来的青年时期，在东京理科大学担任讲师的中年时期，在东京练马区度过的老年时期——博士94年的一生分为这四个时期，在牧野富太郎纪念馆里都得到了展示。在这里还可以了解到植物学的发展历史。

学习种植设计

充满创意的季节性种植区

这是一座到处充满了设计感的植物园。繁花似锦的应季花草展现出了绝妙的配色技巧。

样板1

茂盛生长的简单花草组合成的野趣搭配

1. 柳叶马鞭草和瞿麦等充满野趣的植物群栽在一起，并用春天盛开的百合‘公主粉’增添华丽光彩。2. 树木周围生长着茂盛的荚果蕨，营造出更为狂野的风景。

样板2

和谐清爽的浅色调组合

样板3

大量使用个性强烈植物的搭配

1. 尖叶四散展开的丝兰是画面的重点，周围簇拥着小花，更突显出它的存在感。2. 一个视觉冲击力强的花坛。芒颖大麦草摇晃着有光泽的花序，营造出柔和的动感。

1. 瀑布飞溅的丛林地带。2. 温室入口处有一座洞穴式塔楼。海金沙叶莲座蕨、软树蕨等植物营造出氛围感。3. 资源植物种植区，集合了可食用、药用等具有一定功效的植物。

与未知植物相遇

独特的珍稀植物大集结！

牧野植物园不仅担任着植物保存、研究、科普等任务，还栽培着很多稀有的植物，特别是温室内集合了有着奇特外观的花草，以及热带地区的植物。

温室内

双目马兜铃

马兜铃科

2001年引进的扦插苗，花径约6cm。看起来像眼睛的部分是授粉昆虫可以进入的孔洞。

这也是美人蕉？这么纤细！

美人蕉

美人蕉科

从野生品种到园艺品种，不同类型的美人蕉呈现出不同的外观。株高约50cm。花朵是明艳的朱红色。

道路旁

再现丛林般的力量

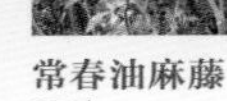

常春油麻藤

豆科

园路一侧的树木上缠绕着生长旺盛的油麻藤，藤蔓向四方蔓延开来，犹如丛林一般。它是分布于中国南部至西南部的大型常绿藤本植物。春天开深紫色的花，之后大大的果荚会垂落下来。

倾听牧野博士的话语

牧野博士即使在贫困中也能保持心胸开阔，不追求荣誉而致力于植物学研究。双手托腮的姿势显得尤为可爱。

人的一生中，没有比亲近自然更有益的事了。
因为人类原本就是自然的一员，
当你与自然融为一体时，
会感受到活着的喜悦。
想要亲近自然，
首先要舍弃自身，
再投入大自然的怀抱，
用心体会自己的所见、所闻、所感，
领悟其中的奥妙。

园艺师

加地一雅先生

讲述了蕴藏在内心深处关于老家花园的故事。

“风雅舍”的展示花园。

难忘的风景，是我度过童年的地方

位于日本兵库县三木市的“风雅舍”是从事花园设计和施工，以及苗木和园艺杂货售卖，人气很高的商店。由董事长加地先生打造的庭院，简直像是截取了一片天然树林和田野般，令人着迷。这般自然柔和的造景令观赏者一下子融入其中。打造出如此迷人的花园的加地先生心中有着难忘的风景，那是从小就熟悉的老家的花园景象。

加地先生出身于大阪，3岁时搬到了兵库县川西市。新家是父母买的一座二手和式屋舍。房子周围有一个825㎡的大花园。

“似乎是之前住过的人请园丁建造的，一座漂亮的日式花园。我记得有四五棵10m多高的香樟树，一个紫藤花架，初夏盛开着映山红和皋月杜鹃，每一季的美丽景色我都喜欢。”

据说花园并没有请园丁维护，都是加地先生的父母亲自打理。“树木没有修剪太多，任其生长成自然树形。因为没有打过药，所以经常会有虫鸟光顾。”

加地先生说这座花园的风格就像是父母豁达性格的翻版，他小时候经常在这里玩耍，骑着自行车转来转去，爬柿子树，观察池塘里游来游去的鲤鱼和金鱼，抓虫子……“比起待在家里，我在花园里的时间更多呢。花园就像是每天都玩不够一样，充满了许多新发现，对我来说像是一个‘小宇宙’。”

播种时的感动是选择现今工作的本源

尽管加地先生从小就亲近大自然，熟悉植物，却未想过从事相关工作。转机出现在高三的时候。一天偶然路过一家种子店，他注意到一袋画着三寸石竹的种子，突然产生了“试着种种看”的想法。“将种子播撒在盆里，大约一周便冒出了小芽，又过了一段时间开出了漂亮的花朵。我真的对此印象深刻。”

随后他便一直痴迷于植物的魅力，并决定去农学院学习而考入了东京农业大学。求学期间，曾在园艺店、植物园打工，有过各种经历。

❶ 加地先生老家庭院的一个场景。紫藤架下是放置了秋千的一个游乐场。

❷ 老宅被各种各样的树木所环绕，似乎总能从窗户看见绿色。

本以为如此丰富的经验可以让加地先生直接创立“风雅舍”，然而大学毕业后他却遇到了一连串的波折。

大学毕业后加地先生就职于一家酒店，主要负责鲜切花装饰。“我总想着靠自己的力量去干一番事业，之后我对原生种和特有种植物产生了兴趣，十分想亲眼看看那些野生花卉。这个念头与日俱增，于是我在2年后辞了职，去中南美洲游历了半年。我想看看在安第斯山脉中自然生长的野生蒲包花（荷包花）。趁这个机会，我走遍了巴西、阿根廷等国家，见到了珍惜的野生种，并拜访了各地的生产者。虽然很多人生活贫困，但对于花卉的热爱让我铭记于心。回到日本后，我也决定开始种植花卉。”

25岁那年，加地先生租借土地创办了一家生产花苗的公司。然而，同时支付地租和小时工工资的经营持续处于亏损状态，之后还被地主驱逐，最后以失败告终。

“尽管钱没了，地也没了，但我体会到了自由职业带来的喜悦，所以如今再去公司上班，总觉得有什么不一样。”

之后，孑然一身的他靠着一辆车，开启了“园艺杂货店”的业务，以“风雅舍”的名义，按照客人的要求进行花园维护和花坛移栽工作。多年积累的经验和专业的技能使他很快便大受欢迎。“在响应客户要求的同时，工作方向也转向了花坛设计。这期间因为很想要一些稀有植物，我便租了一个农场开始育苗。”大约在那个时候，去英国旅行时参观英式花园的经历给了加地先生帮助。“在当时的日本，花坛以一年生植物为主，尤其主流还是将同样的植物成片种植。而我在英国看到，将一年生植物和宿根植物混合种植，可以创造出更自然的景观。因此，将这一设计理念带到日本。”

如此这般几经周折，才诞生了现在的“风雅舍”。

❶ 老家的全景。像这样从上向下看的话，可以看到花园里到处都是绿色。

❷ 加地先生 20 多岁时拍的照片。前景中排列着花盆的一角，是作为业余爱好的栽培基地。

想把年幼时感受到的愉悦传达给更多人

“这一路走来的经历都成了我的财富，才有了现在。”加地先生说，“现在，我已经放弃了老家的土地，花园也没有了。即便如此，我想依旧是从小度过的那个花园塑造了今天的我。”

绿意盎然自由生长的树木，四季轮回五彩斑斓的花儿，来拜访的昆虫和小鸟们……小时候看过的画面一幕幕堆叠在心中，为加地先生现在的花园设计打下了坚实的基础。

“我想要为更多的客人造园。帮助到那些被造园困扰的人，令我很幸福。最令我开心的是让原本对造园不感兴趣的人对花园产生了兴趣。”

这样的态度，是真正的园艺传教士。想要将小时候在花园里度过的舒适充实的时光传达给更多人，这样的想法成了加地先生造园的原动力。

加地一雅

“Exterior 风雅舍”（兵库县三木市）董事长。擅长与自然共生为主题的自然式种植。除了在各种杂志上传授技术经验，他还作为讲师活跃于日本各地的园艺课程。著作有《造一座小花园 享受每个季节》（讲谈社）等。

参观别致的花园

这是一座古老的日式宅邸，古色古香的日式庭院中隐藏着一座花开繁盛的月季园。

1、2. 安装了假门窗的谷仓，伪造成花园工具房的效果。月季‘保罗的喜马拉雅麝香’轻柔地铺满墙面，打造出风景如画的一角。

3. 在园内各处设置了拱门，攀缘其上华美艳丽的月季‘大游行’和‘格拉汉·托马斯’，与底部种植的蕾丝花形成对比。4. 穹顶上缠绕着色调柔和的月季‘鹅黄美人’和‘芭蕾舞女’，绚丽多彩。在盛开的月季下与朋友共度片刻时光十分治愈。

在古色古香的日式宅邸中打造令人向往的华丽月季园

琦玉县 T 女士

这个由旧民居改造的房屋，是一座很有品位的日式宅邸。园主十几年前继承了婆婆曾经掌管的约 200 ㎡的一隅家庭菜园，在此种下了喜爱的月季，并对它们进行牵引、修剪，使它们越发壮观起来，形成一座令人向往的月季园。

走在花园里，随处可见为了使月季生长繁盛而花费的工夫。牵引到拱门上的月季选择了鲜艳夺目的颜色，而灌木丛则使用了浅色来取得平衡。此外，还种植了桉树、烟树等营造出立体感。春天，月季像是漂浮在蓬松柔和的灌木之海上，营造出梦幻般的美景。

月季园旁有一座种着许多高大松树的日式庭院。谷仓涂刷成了别致的颜色，使它看起来像一个花园工具房，和日式元素很好地融合在了一起。

活用结构建筑，
通过创造一个有高
度的场景，
打造出另一个繁花
盛开的世界。

1、2. 长约8m 的三角形藤架，刷成雅致的灰色，牵引了‘格拉汉· 托马斯’‘粉色龙沙宝石’‘藤冰山’‘藤蓝月’等各色月季。漫步其间时，各色月季令人赏心悦目。

3、4. 花园小屋有着可爱的弧线门扉和彩绘玻璃
5. 穹顶上缠绕着紫红色的月季‘布罗德印象’。层层叠叠的花朵营造出梦幻般的氛围。